生态城市规划设计与建设探索

伯 婷 庄美娟 戴 敏 ◎著

哈尔滨出版社
HARBIN PUBLISHING HOUSE

图书在版编目（CIP）数据

生态城市规划设计与建设探索 / 伯婷，庄美娟，戴敏著. -- 哈尔滨：哈尔滨出版社，2024. 11. -- ISBN 978-7-5484-8279-6

I . X21

中国国家版本馆 CIP 数据核字第 2024S5C493 号

书　　名：**生态城市规划设计与建设探索**
SHENGTAI CHENGSHI GUIHUA SHEJI YU JIANSHE TANSUO

作　　者：伯　婷　庄美娟　戴　敏 著
责任编辑：孙　迪
封面设计：徐晓薇

出版发行：哈尔滨出版社（Harbin Publishing House）
社　　址：哈尔滨市香坊区泰山路82-9号　邮编：150090
经　　销：全国新华书店
印　　刷：北京四海锦诚印刷技术有限公司
网　　址：www.hrbcbs.com
E－mail：hrbcbs@yeah.net

编辑版权热线：（0451）87900271　87900272
销售热线：（0451）87900202　87900203

开　　本：710mm×1000mm　1/16　印张：13　字数：210千字
版　　次：2025年3月第1版
印　　次：2025年3月第1次印刷
书　　号：ISBN 978-7-5484-8279-6
定　　价：68.00元

凡购本社图书发现印装错误，请与本社印制部联系调换。
服务热线：（0451）87900279

前　言

　　城市规划设计作为城市建设和管理的重要技术手段，它在城市功能的完善、交通条件的改善、环境质量的提升、社会生活的发展、经济水平的增长、历史人文的传承等方面发挥着重要作用。伴随着城市建设和经济的快速发展，全球变暖、气候异常、土地荒漠化等问题日益严重，城市交通拥堵、热岛效应、环境恶化等城市生态问题逐渐成为人们关注的焦点，"生态城市"的观念应运而生。新时期的城市设计应以城市生态问题为导向，以城市生态学理论为依据，以生态城市设计方法为主线，最后落实于生态城市项目的建设与实施。

　　本书共分为六章，涵盖了生态城市的基本概念及其构建所需的理论基础，详细探讨了生态城市的空间布局原则和设计方法，并结合低碳时代的挑战提出了相应的规划与建设策略。此外，书中还特别关注了信息技术在生态城市建设中的应用，即智慧生态城市的规划与建设，强调了科技在提高城市管理效率、优化资源配置等方面的重要作用。每一章节都力求深入浅出地分析问题，既有宏观层面的思考，也有微观层面的操作指南，旨在帮助读者理解并掌握生态城市规划设计与建设的核心理念和技术手段。

　　随着技术的进步和社会意识的提升，生态城市的概念将更加深入人心，其实践也会更加广泛。本书虽力求全面，但仍存在不足之处，我们诚挚希望读者能够提出宝贵意见，共同促进生态城市建设理论与实践的发展。在此，我们也期待更多的人加入这个领域的研究与实践中来，携手创造更加美好的人居环境。

目 录

第一章　生态城市概述 ·· 1

第一节　城市及其生态系统概述 ·· 1
第二节　城市生态规划概述 ·· 7
第三节　城市生态规划与人居环境的关系 ·· 13
第四节　生态城市的概念、特性及衡量标准 ···································· 22

第二章　生态城市构建的理论基础 ··· 27

第一节　生态城市的三维构建与实质 ·· 27
第二节　生态城市建构的基本原则 ·· 39
第三节　生态城市构建的动力机制 ·· 53
第四节　生态城市构建的关键技术 ·· 63

第三章　生态城市整体空间规划设计 ··· 71

第一节　城市空间与城市密度 ·· 71
第二节　城市空间与土地利用 ·· 75
第三节　城市空间与交通模式 ·· 80

第四章　生态城市规划设计与建设策略 ··· 87

第一节　生态城市景观规划设计的策略 ·· 87
第二节　城市生态工业园区的建设策略 ·· 108
第三节　生态城市下的城市更新 ·· 123

第五章　低碳时代生态城市规划与建设 ················· 139

第一节　城市建筑节能与绿色建筑推广 ················· 139
第二节　城市绿色基础设施建设 ················· 152
第三节　城市绿色交通系统与流动空间组织 ················· 158

第六章　智慧生态城市建设规划与建设 ················· 167

第一节　智慧生态城市发展战略 ················· 167
第二节　智慧生态城市总体规划 ················· 173
第三节　智慧生态城市顶层设计 ················· 190

参考文献 ················· 200

第一章 生态城市概述

第一节 城市及其生态系统概述

一、城市

(一) 城市的概念

关于城市的概念,从不同的角度去看,其定义也存在一些差异。从人口学的角度看,城市是聚集于一定区域的人口群体,是国家总人口的组成部分,具有自身特色的经济文化条件;从经济性的角度看,城市是一定区域内经济要素构成的系统,是人们为了生存凭借劳动创造的物质环境,是比乡村社会更高级的文明载体,创造了更多生产力,有更高质量的生活方式,是区域经济增长中心;从生态学的角度看,城市是以人口聚集为载体,由区域空间和各种设施环境组成的生态系统;从地理学的角度看,城市是指具有一定人口规模并以非农业人口为主的居民集聚地,是相对于乡村而言的永久、稳定的大型聚落形态和体系。

综合上述从不同角度对城市的定义,作者认为,在界定城市的概念时,可以从一个比较宽泛的角度着手,将城市的概念界定为:规模大于乡村的非农业活动和非农业人口为主的聚落,是一定地域内的政治、经济和文化的中心。

(二) 城市的功能

城市的功能也被称为城市的职能,是指由城市的各种结构性因素规定的城市的机能或作用,是城市在一定空间范围内所起的生产、消费、社会交流、生态交换等作用。具体而言,城市的功能可以从基本功能和主导功能两个方面进行论述。

1. 城市的基本功能

城市的基本功能主要包括居住功能、服务功能和交通功能。

(1) 居住功能

居住是城市的一项基本功能，是一个城市形成和发展的重要基础，也是其他功能实现的一个重要前提。随着城市的发展，城市居住功能的定位也发生了一定的变化，"住"已经不再是城市居住功能的全部，"住得舒适"在城市居住功能中愈加地突显。

(2) 服务功能

服务功能也是城市的一项基本功能，它是实现各类要素自由流动的基本保障。城市的服务功能分为对内服务功能和对外服务功能。对内服务功能是指为城市居民提供各种服务，以满足人们生活和发展的需要；对外服务功能是指为城市外的各种主客体提供服务。对外服务功能是城市发展的一种必然选择，因为如果城市不对外服务，必然会导致城市的孤立与萎缩，这不利于城市的发展，所以对外服务是不可或缺的。

(3) 交通功能

城市的交通功能也分为对内交通功能和对外交通功能。对内交通功能主要指一个城市内的交通功能，它影响着城市内居民出行的便利与否；对外交通功能主要指一个城市在全国或全球交通网络中所发挥的作用，它在很大程度上影响着一个城市的发展。

2. 城市的主导功能

城市在政治、经济和文化上发挥着主导作用，所以城市的主导功能也主要体现在政治功能、经济功能和文化功能三个方面。

(1) 政治功能

城市的政治功能指一个城市在一定地域范围内所承担的任务和所起到的政治中心作用，以及因这种作用的发挥而产生的效能。相较于农村而言，城市的政治功能更为显著。

(2) 经济功能

城市的经济功能指一个城市在一定地域经济中所承担的任务和所起到的经济

中心作用，以及由这种作用发挥而产生的效能。城市经济功能的发展取决于城市社会生产力的发展水平。随着城市社会生产力水平的不断提高，城市经济功能正在实现从单一向多元、从简单到复杂、从低层次到高层次的转变。

（3）文化功能

城市的文化功能是指一个城市在文化层面所承担的任务和所起到的文化中心作用，以及由这种作用发挥而产生的效能。一个城市的教育水平、文化氛围、科学发展、文化遗存等都会影响着城市文化功能的发挥。

以上所述的城市各项功能并不是相互割裂的，而是相互作用、相互影响的，刚性作用于城市发展的各个层面。

（三）城市形态分类

城市形态是由结构、形状和相互关系所构成的多元的空间系统。从不同的角度着手，城市形态分类也会产生差异。一般情况下，城市的形态分类可以按照行政等级、人口规模、主要功能、空间结构布局进行分类。

在上述分类中，需要注意的是，按照主要功能进行分类时，并不是说将该城市分为某类城市后，该城市便只具有该项功能，而是该项功能较为突出。通过前面对城市功能的论述也可知，任何一个城市都具有多种功能，只是相对而言的，在这些功能中，有一些特殊的功能被突显出来，这些被突显出来的功能便成了城市形态分类的一个参考因素。

二、城市生态系统

（一）城市生态系统的概念

要明晰城市生态系统的概念，首先需要了解生态系统的概念。生态系统的概念最早是由英国生态学家坦斯利提出来的，他基于前人与他本人对森林动态的研究，将物理学中的"系统"引入生态学，提出了生态系统的概念。后来，人们不断对生态系统的概念进行完善，虽然目前没有统一的概念界定，但普遍认为生态系统就是指在一定的时间和空间内，生物和非生物成分之间通过物质循环、能量流动和信息传递而相互作用、相互依存所构成的统一体。

基于对城市的认知以及对生态系统概念的普遍认识，作者对城市生态系统做如下界定：城市生态系统是特定区域内人类，资源，环境（包括自然环境、社会环境和经济环境）通过各种生态网络和社会经济网络机制而建立的人类聚集地或社会、经济、自然的复合体。

(二) 城市生态系统的特征

城市生态系统既具有与自然生态系统相应的生态功能和生态过程，也具有自己独有的特征。概括来说，城市生态系统的特征主要表现在如下五个方面。

1. 城市生态系统是一个多层次的复杂系统

为了满足人们生活、生产的需要，人们在自然环境的基础上建造了大量的城市设施，如房屋、管道、道路等，这使得城市生态系统的生态环境中除了具有空气、阳光、土地、水等自然环境条件外，也具有很多人工环境的部分。与此同时，人工环境的部分与自然环境条件之间又相互影响，这些使得城市生态系统的环境变得非常复杂。这种复杂性通常表现为系统的多层次性，仅仅以人为中心，就可以将其分为三个层次的子系统。

(1) 生物（人）-自然（环境）系统

这是人与其生存环境的地形、气候、水资源、食物等构成的一个子系统。该子系统只考虑了人的生物性活动。

(2) 工业-经济系统

这是人与能源、原料、工业生产过程、商品贸易、交通运输等构成的子系统。该子系统只考虑了人的经济（生产、消费）活动。

(3) 文化-社会系统

这是由人的政治活动、社会组织、文化、医疗、教育、卫生、服务等构成的一个子系统。该子系统代表了城市居民生活的另一层环境。

上述三个子系统的内部都有着自己的物质流、能量流和信息流，并且各个子系统之间相互联系、相互影响，共同构成了不可分割的整体。

2. 城市生态系统是以人为主体的系统

与自然生态系统中以各种动物、植物和微生物为主体不同，城市生态系统是以人为主体的生态系统。通常来说，一个生态系统内所能承载的生物主体是有限的，所以在城市生态系统中，人口的发展会代替或限制其他生物的发展。在自然生态系统中，能量在各营养级中的流动遵循"生态学金字塔"规律，而在城市生态系统中，由于存在频繁、大量的人类活动，能量在各营养级中的流动不再遵循"生态学金字塔"规律，而是呈现"倒生态学金字塔"的规律。

3. 城市生态系统是一个非独立的生态系统

自然生态系统是一个相对独立的系统，系统中的生物与生物、生物与环境之间处于相对的平衡。而城市生态系统中生物与生物、生物与环境虽然也处于一种相对平衡的状态，但这种平衡需要外部系统的维持。简单来说，要维持城市生态系统所需要的能量，便需要从系统外部输入能量，而城市生态系统中所产生的各种废物，也不能依靠城市系统中的分解者完全分解，还需要一些环境保护措施。由此可见，城市生态系统是一个非独立的生态系统。

4. 城市生态系统是人工化的生态系统

为了满足人们生活、生产的需要，人们在自然环境的基础上建造了大量的城市设施，如房屋、管道、道路等，这使得城市生态系统的生态环境中除了具有空气、阳光、土地、水等自然环境条件外，也具有了很多人工环境的部分，并且随着城市的发展，人工环境的部分越来越多。就当前的城市现状而言，城市生态系统已经成了人工化的生态系统。物质流、能量流、信息流在"人类-经济社会活动-自然环境（包括生物）"复合系统中运动，物质、能量、信息的总量大大超过原自然生态系统，人类的经济社会活动起着决定性作用。城市生态系统的调节机能是否能保持生态系统的良性循环，主要取决于人类的经济社会活动与环境关系是否协调以及生态规律与经济规律是否统一。

5. 城市生态系统体现了一定的脆弱性

城市生态系统的脆弱性是基于城市生态系统的非独立性而言的。自然生态系统是一种相对独立的系统，该系统可以通过自动建造、自我修复和自我调节来维持其系统内部的平衡。而城市生态系统需要依靠外面的系统才能够实现系统的相对平衡，当外面的系统出现问题时，或者城市生态系统与外面系统的连接出现问题时，城市生态系统便会受到影响。由此可见，城市生态系统必须依赖其他系统才能存在和发展，从这个层面来看，城市生态系统体现了一定的脆弱性。

（三）城市生态系统的结构

城市生态系统由城市自然生态系统、城市社会生态系统和城市经济生态系统三部分组成。城市自然生态系统包括城市居民生存所必需的基本物质环境，如空气、阳光、土壤、气候、生物、水资源等；城市社会生态系统涉及城市居民社会、经济及文化活动的各个方面，主要表现为人与人之间、个人与集体之间以及集体与集体之间的各种关系；城市经济生态系统以资源流动为核心，涉及生产、分配、流通和消费的各个环节。

城市生态系统中的自然、社会、经济三个子系统相互渗透、相互制约，共同构成了一个有机的整体，并通过内外部之间物质流、能量流、信息流的交换，维持系统的稳定和有序。

（四）城市生态系统的功能

城市生态系统的功能和城市的功能不同，它主要包括生产功能、能量流动功能和信息传递功能。

1. 生产功能

城市生态系统的生产功能是指城市生态系统所具有的，利用域内外环境所提供的自然资源及其他资源，生产出各类"产品"（包括物质产品和精神产品）的能力，主要包括生物初级生产、生物次级生产和非生物生产。

生物初级生产指城市生态系统中的绿色植被，如草地、森林、农田、苗圃等自然或人工植被在人工的调控下，生产粮食、蔬菜、水果以及其他绿色植物食品的过程。由于城市生态系统中第一产业的占比较少，所以生物的初级生产功能并不突出，甚至很多绿色植被的功能已转变为环境保护功能和景观功能。

生物次级生产功能主要指城市中的人对初级生产者利用和再生产的过程，即城市居民维持生命、繁衍后代的过程。由于城市生态系统中生物的初级生产无法满足生物次级生产的需要，所以生产生态系统所需要的生物次级生产物质，有相当一部分需要从外部输入。

非生物生产通常指人类系统特有的生产功能，主要包括物质生产和非物质生产两大类。物质生产的作用是满足人类生活所需的各类有形产品与服务，非物质生产的作用是满足人类精神生活所需要的各类文化艺术产品以及相关方面的服务。

2. 能量流动功能

在城市生态系统中，存在着能量流动，包括城市生态系统内部之间和内外部之间的流动，这是城市生态系统功能在能量方面的一个重要体现。和自然生态系统相比，城市生态系统的能量流动具有以下特点：（1）在自然生态系统中，能量的流动是天然的、自发的；而在城市生态系统中，城市能量流动以人工为主。（2）在自然生态系统中，能量流动主要依靠食物链、食物网；而在城市生态系统中，能量流动则以人的调节为主。（3）在自然生态系统中，能量流动以内部流动为主；而在城市生态系统中，能量流动包括内部流动和内外部之间的流动，并且外部能量的输入占很大比例。

3. 信息传递功能

城市生态系统中也存在着信息的传递，包括物理信息的传递、化学信息的传递、行为信息的传递等，这是城市生态系统功能在信息方面的一个重要体现。在生物的生存、繁衍和发展中，信息传递发挥着重要的作用。在城市生态系统中，信息传递所发挥的作用还体现在经济、政治、文化等方面。

第二节 城市生态规划概述

一、城市生态规划的概念

在不同时期，由于人类的认知不同，生态规划的概念也存在一些差异。在20世纪60年代，生态规划的重心在土地规划上，所以对生态规划概念的界定也主要体现在土地规划上。随着生态学的发展，人类的认识也在不断发生变化，生态规划不再局限于土地方面，而是逐渐渗透到人口、资源、环境、经济等诸多方面，生态规划也有了新的解释，即应用生态学的基本原理，根据经济、社会、自然等方面的信息，从宏观、综合的角度，参与国家和区域发展战略中长期发展规划的研究和决策，并提出合理开发战略和开发层次，以及相应的土地及资源利用、生态建设和环境保护措施。基于对生态规划概念的理解，同时结合城市生态的特点，作者将城市生态系统规划的概念界定为：城市生态规划是遵循生态学与城市规划学有关理论和方法，以城市生态关系为研究核心，通过对城市生态系统中各子系统的综合布局与安排，调整城市人类与城市环境的关系，以维护城市生态系统的平衡，实现城市的和谐、高效、可持续发展。

城市生态规划不同于传统的城市环境规划只考虑城市环境各组成要素及其关系，也不仅仅局限于将生态学原理应用于城市环境规划中，而是涉及城市规划的方方面面，即将生态学原理和城市总体规划、环境规划有机结合起来，对城市生态系统的生态开发和生态建设提出科学、合理的对策，从而实现城市和谐、高效、可持续的发展。城市生态规划不仅重视城市当前的生态关系和生态质量，还关注城市未来的生态关系和生态质量，追求的是城市生态系统的可持续发展。

二、城市生态规划的目标

城市生态规划的目标主要包括三个方面的目标：人类与环境协调发展目标，城市与区域生态系统协调发展，城市经济、社会、生态可持续发展。

（一）人类与环境协调目标

就城市而言，人类与环境的协调目标包括：（1）城市人口数量与结构要和城市环境（主要指自然环境）相适应，当一个城市的人口数量和结果出现不合理的倾向时，应采取一系列措施，避免超过城市环境的负荷；（2）人类土地利用强度与类型应和区域环境相适应；（3）城市人工化环境结构比例要协调。

（二）城市与区域生态系统协调发展

从生态角度看，城市生态系统与区域生态系统之间存在密切的关系，城市生态系统活动的调节、城市生态系统稳定性的增强都离不开一定的区域，而且城市人工化环境结构比例的协调也离不开一定的区域回旋空间，所以追求城市与区域生态系统的协调发展也是城市生态规划的一个重要目标。

（三）城市经济、社会、生态可持续发展

城市生态规划的一个重要目的是使城市的经济、社会系统在环境承载力允许的范围内，在可接受的人类生存质量的前提下得到不断的发展，并通过城市经济、社会系统的发展为城市的生态系统质量的提高和进步提供经济、社会推力，最终促进城市整体意义上的可持续发展。

三、城市生态规划的原则

根据生态学理论和可持续发展理论，城市生态规划应遵循以下五项基本原则。

（一）协调共生原则

协调共生原则中的"协调"是指各子系统之间要有机协调，"共生"则指各子系统在相互协调的过程中实现互惠互利。在城市生态系统中，虽然各子系统之间是相互独立的，并在不同的领域发挥着不同的作用，但这种独立并不代表着各子系统之间是相互割裂的，相反，各子系统之间存在着非常紧密的联系。因此，在对城市生态系统进行规划时，应协调好各子系统间的关系，使其共同作用于城市生态系统，并实现互惠互利。

（二）整体与局部相协调原则

城市生态系统是一个完整的系统，在对城市生态系统进行规划时，不能只局限于城市结构的局部最优，而是要从整体出发，追求城市生态环境、社会经济的整体最佳效益。当然，在具体的落实中，并不是整体一起落实的，往往是从局部开始，所以在进行整体规划的时候，也需要考虑局部，做到整体与局部相协调。

（三）多样性原则

城市生态规划多样性原则中的多样性包括城市景观的多样性和生物的多样

性。城市景观多样性和生物的多样性影响着城市的结构、概念与可持续发展，所以在对城市生态进行规划时，应尽可能降低对城市景观多样性和生物多样性造成的影响。比如，保护城市及其周围的动植物生境斑块，如城市中的河流、湿地、灌丛等，从而为城市景观多样性和生物的多样性提供自然环境支撑。

（四）区域分异原则

城市生态规划应该坚持区域分异原则，就是在充分研究区域和城市生态要素的功能现状、问题及发展趋势的基础上，综合考虑区域规划、城市总体规划的要求以及城市的现状，充分利用环境的容量，治理好生态功能分区，以便有利于居民生活和社会经济发展，实现社会、经济和生态环境效益的统一。

（五）经济性原则

城市各部门的经济活动是城市发展的动力泵，也是促进人们物质生活水平提高的重要基础。因此，在对城市生态进行规划时，应遵循经济性的原则，不能抑制城市的经济活动。从这一原则出发进行生态规划，可从城市中各种经济活动所产生的能量流动研究入手，分析各部门间能量流动规律、对外界依赖性、时空变化趋势等，并由此提出提高各生态区内能量利用效率的途径，进而保障城市经济的快速发展。

四、城市生态规划的工作程序

城市生态规划的目的是在生态学原理的指导下，将自然与人工生态要素按照人的意志进行有序的组合，保证各项建设的合理布局，能动地调控人与自然、人与环境的关系。为了达到上述目的，在进行城市生态规划时，应采取特定的工作程序：（1）规划筹备阶段。该阶段主要是进行一些筹备工作，包括人员筹备、工具筹备。（2）调查分析阶段。针对当前城市生态情况进行调查，包括人口数量与分布、土地利用、地理环境、气象水文、资源利用、环境污染、园林绿化等，然后对调查到的资料进行系统的分析。（3）制定目标阶段。结合城市生态实际，制定城市生态规划目标，包括社会目标、生态目标和经济目标。（4）规划方案制定与选择阶段。制定多套具有可行性的规划方案，从中选择出最佳的规划方案，其他方案作为备用方案。(5) 实施与反馈阶段。按照最佳规划方案开展工作，每到一个阶段，都进行必要的评价，并依据评价结果对规划方案做出必要的调整。如果方案失败，则启动备用方案。

五、城市生态规划的重点领域

城市生态是一个复杂的系统，影响因子众多，而且不同的城市有不同的特点，所以城市生态规划的重点领域也存在一定的差异，这就要求在具体的规划工作中要做到因地制宜。一般来说，城市生态规划的重点领域应包括生态功能分区规划、人口容量规划、土地利用规划、环境污染综合防治规划、资源利用与保护规划、园林绿地系统规划。

（一）生态功能分区规划

城市生态功能分区规划是指根据城市生态系统结构及其功能特点，将城市分成不同类型的单元，它是城市生态规划的基础。在对城市进行生态功能分区规划时，应综合考虑多种因素，尤其考虑各功能区生态要素的现状、问题和发展趋势，以使各功能区内的生态要素与该功能区的功能相适应。城市生态功能区划分没有固定的模式，但一般要遵守三个基本原则：必须有利于城市的生态环境建设；必须有利于城市的经济发展；必须有利于当地居民的生活。此外，城市生态功能区的划分还需要与城市总体规划相一致。

（二）人口容量规划

人口指居住在一定地区的人的总和，人口容量指一个地区的人口承载量。对于城市而言，人是最核心的要素，但一个城市的人口容量是有限度的，如果超出了这个限度，反而会对城市生态造成负面的影响。因此，对城市人口容量进行规划也是城市生态规划的一个重点领域。在对城市人口容量进行规划时，一项关键性的工作就是确定合理的人口密度，即单位面积土地上居住的人口数。随着城市的不断发展，城市人口在不断增加，为了缓解人口压力，城市也在不断向外环拓展，但拓展的速度低于人口增长的速度，而且城市也不能无限制地向外环拓展，这导致我国大多数城市的人口密度在不断增加。在这一背景下，对城市人口容量进行规划就显得更为重要和紧迫。

（三）土地利用规划

如何利用土地也是城市生态规划的一个重点领域。在进行城市土地利用规划时，除了要考虑用地面积大小外，还需要考虑地形、气候、水文、山脉等自然因素，同时还应与城市的产业结构相适配。城市土地一般分为生活居住用地、工业用地、农业用地、道路交通用地、市政设施用地、绿化用地等，不同类型的用地对环境有着不同的要求，而且不同类型的用地也会对环境产生不同的影响。因此，在城市土地利用规划中，规划者不仅要综合考虑各方面因素，还需要具体到某一种类型用地上的需求，提出土地利用规划的合理建议和科学依据。

（四）环境污染综合防治规划

城市环境污染综合防治规划是指从城市的总体情况出发，对城市的环境污染问题进行综合性的分析，然后以技术、经济等手段，实施环境污染防治工作，以改善和控制环境质量。城市污染综合防治规划在城市环境质量改善和控制上发挥着非常重要的作用，这也是城市生态规划的一项重点领域。城市环境污染综合防治规划主要包括水体污染防治规划、大气污染防治规划、固体废弃物防治规划和噪声污染防治规划四项内容。在进行规划时，主要从两个方面进行思考：一方面，对城市当前的环境污染情况进行调查，针对城市当前存在的环境问题确定环境污染治理目标，并制定环境污染防治方案；另一方面，结合城市污染相关的信息，预测城市污染的发展趋势或者在城市未来发展中可能出现的环境污染问题，制定相应的策略。

（五）资源利用与保护规划

自然资源是人类生存和发展的重要物质基础，只有合理地开发和利用资源，才有助于城市的可持续发展。因此，在对城市生态进行规划时，也需要针对资源的利用与保护进行规划。城市自然资源利用与保护规划的目标主要有三个：①资源利用更加高效；②资源保护支撑更加有效；③资源开发与保护更加协调。在上述目标的引导下,资源利用和保护规划也需要做出更加具体的规划。以资源利用为例,其规划可从三个方面着手:①提高建设用地集约利用水平;②提高矿产开发利用水平;③提高水资源、林草开发利用水平。

(六)园林绿地系统规划

园林绿地是一个城市的"肺",它在美化城市景观、改善城市生态环境方面发挥着非常重要的作用,所以在对城市生态进行规划时,城市园林绿地规划也是一项必不可少的内容。在进行城市园林绿地规划时,应对城市功能区划分有详细的认知,了解各类园林绿地的用地指标,合理规划整个城市园林绿地的布局,确定维持城市生态平衡的绿地覆盖率以及人均应达到的最低公共绿地面积;与此同时,还需要合理设计群落结构,栽种适宜的植物,确保园林绿地景观的异质性。

城市园林绿地系统规划可按照以下步骤实施:①明确园林绿地规划的基本原则。②合理布局各项园林绿地,确定其位置、面积、性质。③依据城市发展现状,拟定城市园林绿地建设水平,并拟定园林绿地各项定量指标。④对城市已有园林绿地情况进行系统分析,对不满足要求的园林绿地提出改造计划。⑤制定园林绿地系统规划的图纸与文件。⑥制定园林绿地规划方案,针对重点绿地,制定设计任务书,内容应包括园林绿地的位置、性质、风格、布局形式、主要设施的项目与规模、建设的年限、周围环境、服务对象等,作为园林绿地建设工作实施的依据。

第三节 城市生态规划与人居环境的关系

一、人居环境

(一)人居环境的概念

关于人居环境的概念,作者查阅文献资料发现,不同学者有不同的解释。较为典型的有:(1)人居环境是人类居住生活的、自然的、经济的、社会和文化环境的总称，其中涵盖了居住条件、与居住环境相关的自然地理状况生态环境、生活便利程度、教育和文化基础、生活品质和社会风尚等方面。（2）人居硬环境是指一切服务于居民并为居民所利用，以居民行为活动为载体的各种物质设施的总和，是自然要素、人文要素和空间要素的统一体，具体包括三个部分：①居住条件；②基础设施和公共服务设施水平；③生态环境质量。人居软环境即人居社会环境，指的是居民在利用和发挥硬环境系统功能中形成的一切非物质形态事物的总和。人居硬环境是人居软环境的载体，人居软环境的可居性是人居硬环境的价值取向。

综合不同学者的解释，作者认为人居环境的概念可界定为：以人为中心形成的、由各类物质实体和非物质实体组成的生存环境，是人们在居住地生活的自然的、经济的、社会的和文化的环境的总称。

（二）人居环境的构成

人居环境主要由四大系统构成：自然系统、社会系统、人类系统和支撑系统，这四个系统间相互影响、相互协调，共同构成了一个整体。

1. 自然系统

人居环境中的自然系统是指以天然物为要素，由自然力而非人力所形成的系统。在开发人居环境的过程中，人类对自然系统造成了一定程度的影响，这种影响有些是不可弥补的，并反过来作用于人类。城市生态规划强调人与自然的和谐发展，所以如何最大限度地保护人居环境中的自然系统是城市生态规划中需要思考的一个问题。

（1）生物多样性

生物多样性不仅是自然界的重要组成部分，也是维持生态系统健康的关键因素。在人居环境自然系统中，保护和恢复生物多样性意味着保留或重建本地植物群落，吸引和维持多样化的动物种群。例如，可以通过种植本土植物、建立野生动物走廊、保护天然湖泊和湿地等方式来促进生物多样性。

（2）自然资源管理

合理利用自然资源，如水资源管理，可以通过雨水收集系统、节水灌溉技术和生态厕所等措施来实现。土壤保护则可以通过避免过度开发、保持自然覆盖、使用有机肥料等手段来实现。空气质量的改善可以通过减少汽车尾气排放、推广公共交通和鼓励步行或骑行等方式达成。

（3）生态功能保护

自然生态系统提供了许多重要的服务，如洪水控制、空气净化、碳汇等功能。保护这些功能意味着要维护自然景观，例如，保护河岸植被来防止侵蚀，保留湿地来吸收洪水，保护森林来吸收二氧化碳等。

（4）城市绿化

城市绿化是提高城市宜居性的重要手段之一。通过在城市中种植树木、建设公园和绿地，不仅可以美化环境，还可以改善空气质量，降低城市热岛效应。屋顶花园和垂直绿化等创新形式也为城市带来了新的绿色空间。

（5）可持续发展

可持续发展的理念要求我们在满足当代需求的同时，不损害后代满足自己需求的能力。这意味着在建筑设计和城市规划中采用节能材料和技术，如太阳能发电、绿色屋顶、雨水回收系统等，以减少能源消耗和碳足迹。

（6）环境保护

环境保护措施包括减少废物产生、推广垃圾分类回收、治理工业污染源等。此外，通过立法和公众教育，增强人们对环境保护的认识和责任感也是非常重要的。

（7）社区设计

社区设计应当以人为本，注重公共空间的设计，如街道、广场、公园等，使其既美观又实用。社区内部的交通规划也应该考虑行人和自行车的需求，鼓励低碳出行方式。

（8）生态保护意识

提高公众对生态保护的意识可以通过各种渠道实现，如在学校教育中加入环保课程、组织环保主题的活动、媒体宣传等。此外，还可以通过社区组织和志愿者行动，让居民参与到环境保护的实际工作中来。

通过这些措施，我们可以创建一个更加健康、和谐的人居环境，既满足人们的生活需求,又保护和促进了自然环境的可持续发展。

2. 社会系统

人居环境中的社会系统是指由人类以及人类之间的经济关系、政治关系和文化关系构成的系统,如一个家庭、一个城市、一个国家都是社会系统。人居环境中社会系统的构建应强调人的价值和社会公平。

(1) 社会结构与社区建设

社区参与:鼓励居民参与社区规划和决策过程,让居民在社区发展中发挥积极作用。

邻里关系:促进邻里间的友好互动和支持网络,增强社区凝聚力。

包容性:确保不同背景的居民(如老年人、残疾人、少数民族等)都能平等享受社区资源和服务。

(2) 公共服务与设施

教育:提供优质的教育资源,确保儿童和青少年能够在良好的环境中成长和学习。

医疗保健:建立完善的医疗服务网络,方便居民就医,特别是关注老年人和弱势群体的健康需求。

基础设施:包括交通、通信、供水供电等,保证居民日常生活的基本需求得到满足。

(3) 经济活动与发展

就业机会:通过吸引投资、鼓励创业等方式创造就业机会,提高居民收入水平。

商业服务:发展便利的商业设施和服务,如超市、市场、银行等,方便居民购物和日常生活。

文化产业发展:支持文化产业的发展,如艺术、音乐、电影等,丰富社区文化生活。

(4) 社会治理与安全

法治环境:加强法律和秩序的维护,保障居民的生命财产安全。

应急响应:建立健全的应急管理体系,提高应对自然灾害和突发事件的能力。

环境保护：通过立法和社区行动，保护环境，提高居民环保意识。

（5）社区文化与精神生活

文化活动：举办节日庆典、艺术展览等活动，增进社区成员之间的交流和理解。

体育健身：建设体育设施，鼓励居民参与体育锻炼，提高身体健康水平。

心理健康支持：提供心理健康咨询服务，帮助居民应对压力和心理问题。

（6）社会融合与交流

多元文化融合：促进不同文化背景居民之间的相互了解和尊重，构建包容和谐的社区氛围。

国际交流：在国际化程度较高的社区中，加强与其他国家和地区居民的文化交流与合作。

通过以上这些方面的努力，可以构建一个人居环境社会系统，使得社区不仅是一个居住的地方，也是一个充满活力、富有文化气息和社会凝聚力的空间。这样的环境有助于提高居民的生活质量，促进社会的整体进步和发展。

3．人类系统

人居环境中的人类系统是指由人类构成的系统，包括人类生理、心理、行为等一切与人自身相关的内容。

（1）人类行为与环境互动

日常生活：人类的日常生活方式，如出行、消费、废弃物处理等，直接影响到环境的质量。例如，使用公共交通工具可以减少空气污染。

健康管理：良好的居住环境有助于提高人们的健康水平，如清洁的饮用水、新鲜的空气和适宜的温度条件等。

安全与保障：人类居住的安全感来自稳定的治安环境、可靠的基础设施以及有效的灾害预警系统。

（2）社会结构与居住模式

家庭结构：不同家庭结构（如单亲家庭、核心家庭、大家庭）对住房的需求不同，从而影响到居住空间的设计和分配。

社区组织：社区内的社会组织（如居委会、业主委员会）在协调居民关系、解决纠纷等方面发挥重要作用。

社会支持系统：包括福利机构、志愿者服务等，为有需要的人群提供帮助和支持。

（3）经济活动与居住环境

就业与居住：工作地点与居住地点的距离关系到通勤时间和成本，进而影响到生活质量。

房地产市场：房价波动影响人们的购房能力和选择，进而影响到居住模式和社会结构。

消费模式：消费行为对环境产生直接影响，如购买绿色产品可促进可持续发展。

（4）文化习俗与居住文化

传统建筑：不同地区的传统建筑风格反映了当地的文化特点，如江南水乡的民居、北方的四合院等。

宗教信仰：宗教活动和仪式往往需要特定的建筑和空间，如寺庙、教堂等。

节日庆祝：节日庆典活动需要相应的场地和支持设施，这些活动增强了社区的文化认同感。

（5）教育与知识传播

学校教育：学校的布局和规模对周边社区的影响很大，学校不仅是教育中心，也是社区活动的中心。

终身学习：成人教育和社区教育机构提供继续教育的机会，促进居民的知识更新和社会适应能力。

（6）技术进步与居住创新

智能住宅：智能家居技术的应用提高了居住的便捷性和舒适度。

绿色建筑：绿色建筑技术的发展，如太阳能利用、雨水回收等，促进了可持续居住环境的建设。

虚拟现实：虚拟现实技术在室内设计、房产展示等方面的应用，改变了人们的居住体验。

通过这些方面，我们可以看到人居环境人类系统是一个复杂的多维度体系，它不仅关乎物质环境本身，更涉及人类的行为习惯、社会结构、经济条件和文化背景等众多因素。优化这一系统，需要跨学科的合作与创新思维，以期实现人与环境的和谐共生。

4. 支撑系统

支撑系统是指为人类活动提供支持的服务于聚落，并将聚落联为整体的所有人工和自然的联系系统、技术支持保障系统，以及经济、法律、教育和行政体系等。支撑系统不仅支撑着整个系统，也支撑着其他三个子系统。

（1）物理基础设施

交通系统：包括道路、桥梁、公共交通系统（地铁、公交车、轻轨等），这些设施支持人们的日常出行。

能源供应：电力、天然气等能源供应系统确保了家庭和工业用电需求，支持日常生活和经济发展。

供水与排水系统：自来水供应和污水处理系统保证了居民的用水安全和环境卫生。

通信网络：互联网、电话等通信设施让人们能够快速获取信息并与外界保持联系。

（2）自然资源管理

水资源管理：包括水资源的保护、合理利用和循环再利用，确保水资源的可持续性。

土地利用规划：通过合理规划土地使用，保护耕地、森林等自然资源，防止过度开发导致的环境退化。

废物处理与回收：垃圾处理和回收系统减少了废物对环境的影响，提高了资源的利用率。

（3）社会服务与设施

教育设施：学校、图书馆等教育机构为居民提供了学习和自我提升的机会。

医疗卫生服务：医院、诊所等医疗机构提供了基本的医疗服务，为居民的健康提供了保障。

文化与娱乐设施：博物馆、剧院、体育馆等文化娱乐设施丰富了居民的精神生活。

（4）安全与保障机制

治安与消防：警察局、消防站等机构维护社会治安，保障居民生命财产安全。

灾害预警与应对：建立灾害预警系统，提高应对地震、洪水等自然灾害的能力。

食品安全监管：确保食品的质量和安全，防止食源性疾病的发生。

（5）生态环境保护

绿色空间：公园、绿地等城市绿肺提供了休闲娱乐的场所，同时也改善了城市微环境。

空气质量管理：采取措施减少空气污染，提高空气质量。

噪音控制：通过规划和管理减少交通、工业等活动产生的噪音污染。

（6）科技与创新

智能技术：智能家居、智慧城市等技术的应用提升了居民生活的便捷性和安全性。

可持续建筑：绿色建筑技术的应用减少了建筑对环境的影响，实现了资源的有效利用。

新能源技术：太阳能、风能等可再生能源技术的应用促进了能源结构的转型。

（7）政策与治理

法律法规：制定和完善相关的法律法规，为人居环境支撑系统的建设和维护提供法律依据。

城市管理：通过有效的城市管理和规划，确保各项设施和服务的高效运行。

社区参与：鼓励社区居民参与环境治理和城市规划，增强社区的自治能力。

通过这些支撑系统的有效运作，可以创造出一个既符合人类需求又兼顾环境保护的人居环境。这对于提升居民生活质量、促进经济社会可持续发展具有重要意义。

二、城市生态规划与人居环境的关系分析

在对人居环境有了一定的了解之后，我们继续探究城市生态规划与人居环境的关系。

（一）科学的城市生态规划是良好人居环境建设的基础

人居环境是建设在城市这个生态系统中的，如果城市生态规划存在问题，人居环境的建设也会相应地受到影响。作者在前面也论述了人居环境的构成，主要包括自然系统、社会系统、人类系统和支撑系统四个系统，这四个系统可以看作是城市生态系统的子系统，它们与城市这个大的系统之间具有非常紧密的联系，当城市这个大的系统出现问题之后，便会影响各个子系统，而任意一个子系统受到影响，也都会影响人居环境的建设。由此可见，无论是从城市系统与人居环境之间关系上看，还是从城市系统与人居环境的间接关系上看（通过子系统产生间接联系），科学的城市生态规划都是良好人居环境建设的基础，所以要建设良好的人居环境，不能只着眼于人居环境建设本身，还需要从城市生态规划的角度做出整体性的思考，从而在宏观规划与微观策略的共同作用下实现良好人居环境建设的目标。

（二）人居环境建设对城市生态规划起着指导作用

在前面我们论述了城市生态规划的目标，只是没有细化到人居环境建设这一层面上，但如果我们对城市生态规划的目标进行细化，人居环境建设是不可缺少的。人居环境作为目标，便具有了指导作用，即指导着城市生态规划的方向，如果城市生态规划偏离了这个方向，规划的科学性便会受到质疑，甚至可能是错误的。当然，人居环境建设仅仅是城市生态规划细化目标中的一个，并不是唯一目标，所以不能只用是否建设了良好人居环境来指导城市生态规划，这无疑是片面的。

总之，城市生态规划和人居环境建设之间是相互作用的关系，通过协调两者之间的关系，可以有效推动城市建设，促进城市居民幸福感的提高。

第四节　生态城市的概念、特性及衡量标准

一、生态城市的概念

关于生态城市的概念，作者通过查阅资料发现，不同学者对生态城市的解读存在一定的差异。比如，《国外城市治理变革与经验》一书中指出，生态城市是指社会、经济与自然协调发展，物质、能量与信息高效利用，技术、文化与景观充分融合，人与自然的潜力得到充分发挥，居民身心健康，生态持续和谐的集约型人类聚集地。《体育与环境的和谐回归——关于体育行为与城市环境关系的研究》中指出，生态城市是以生态环境为基础，遵循自然运行与城市发展的基本规律，将人类与自然的可持续发展作为终极蓝图，以生态学为基础，构建人与自然和谐回归为核心的城市。

此外，从不同的角度出发，对生态城市的解释也存在一些差异。比如，从生态哲学的角度看，生态城市实质是实现人与自然的和谐共生，这是生态城市价值取向所在，只有人的社会关系和文化意识达到一定水平才能实现。再如，从系统学的角度看，生态城市是一个与周围市郊及有关区域紧密联系的开放系统，不仅涉及城市的自然生态系统，如土地、水、空气、动植物、森林、能源和其他矿产资源等，也涉及城市的人工环境系统、经济系统、社会系统，是一个以人的行为为主导、自然环境为依托、资源流动为命脉、社会体制为经络的社会、经济与自然的复合系统。

综合不同学者以及从不同角度对生态城市的描述，结合作者自身的认识，作者认为可对生态城市的概念界定为：以现代生态学的科学理论为指导，以生态工程、社会工程、系统工程等科学调控为手段，建立起来的一种能够促进城市人口、资源、环境和谐共处，社会、自然、经济协调且可持续发展，能量、物质、信息高效利用的人类居住区。

要深入理解生态城市的概念，作者认为可从如下五方面进行剖析：

第一，从城市生态环境看，生态城市的自然环境得到了最大限度的保护，自然资源的利用非常合理，同时具有良好的环境质量和充足的环境容量，能够消纳人类活动所产生的各类废弃物、污染物；

第二，从地域范围看，生态城市不是封闭的系统，而是一个与周围区域连接起来的相对开放的系统，所以生态城市不仅包括城市地区，还包括其周围的乡村地区；

第三，从涉及的领域看，生态城市同时涉及城市的经济系统、社会系统和环境系统；

第四，从社会方面看，生态城市要求人们有较高的生态意识，与此同时，生活环境舒适、社会秩序安定、社会政治开放民主、社会保障体系健全；

第五，从城市经济看，生态城市的产业结构合理，生产力布局和能源结构合理，城市的经济系统高效运行，且能够与生态系统协调发展。

总之，生态城市作为对以工业文明为核心的传统城市发展模式的反思，体现了工业化、城市发展与现代文明的共鸣、交融与协调，是人类治理城市生态代谢的失衡、生态系统的无序和生态管理的失调等一系列问题，以及追求人与自然和谐发展的伟大创举。

二、生态城市的特性

与传统城市相比，生态城市具有本质上的不同。基于对生态城市的认识，作者认为其特性突出体现在五个方面：和谐性、高效性、系统性、持续性和协作性。

（一）和谐性

生态城市的和谐性不仅体现在人与自然关系的和谐上，还体现在人与人关系的和谐上。通过前面对生态城市概念的界定与剖析可知，在生态城市中，人与自然之间可以实现和谐相处，人类活动对生态城市中的自然环境，甚至对生态城市外自然环境的影响降到了最低，自然环境能够得到最大限度的保护。此外，生态城市中的社会大环境安定和谐，人与人之间的相处变得更有人情味，人与人之间也能够做到互帮互助，整个城市充满了生机与活力。

（二）高效性

与传统城市"高能耗""非循环"的运行机制相比，生态城市的运行机制发生了很大的改变，各种资源的利用率极大地提高，物质、能量可以得到多层次的分级利用，废弃物最大限度地实现了循环再生，各行业、各部门之间协调发展，真正实现了人尽其才、地尽其利、物尽其用。

（三）系统性

生态城市本身是一个复合性的生态系统，它包括经济、社会、自然生态等子系统，各子系统在生态城市这个大系统整体协调的秩序下实现均衡发展，同时又作用于城市生态这个大系统的发展。因此，生态城市所追求的不仅仅是环境的优美，而是兼顾社会、经济、环境三者的整体利益。

（四）持续性

持续性是指生态城市追求的是可持续发展，它是以可持续发展理念为宏观指导的，所以在发展生态城市的过程中，不能只局限于眼前的发展，为了短暂的"繁荣"而采取过度开发或掠夺的方式。与此同时，还要兼顾不同空间、时间，合理配置资源，以公平地满足当下与未来在发展方面的需求，从而确保城市的持续、健康、协调发展。

（五）协作性

生态城市是建立在区域发展基础上的，只有协调发展的区域才有协调发展的生态城市。因此，需要加强区域协作，共享技术与资源，形成互惠共生的网络系统。此处所强调的协作区域，从广义的区域观念来看，就是全球区域，在全球一体化的背景下，这一观念被越来越多的人接受，而加强全球区域间的协作是全球一体化背景下的必然趋势。

三、生态城市的衡量标准

自生态城市的概念被提出以来，一些问题逐渐被人们提出，如什么样的城市属于生态城市？生态城市有衡量标准吗？如果可以回答上述问题，那么对于什么是生态城市，人们便会有更加清晰的认识，而且在生态城市的建设中，人们也会有更加明确的标准。虽然生态城市的概念已经提出了几十年，但到目前为止，真正意义上的生态城市并没有实现，因此对于生态城市的衡量标准目前也没有定论，但在一些原则性的问题上，人们已经达成共识。至于对生态城市的认识，并以人们达成的基本共识为基础，作者认为生态城市的衡量标准可以从自然环境、社会和经济三个维度着手，分为十项标准。

（一）自然环境维度的衡量标准

从自然环境维度着手，衡量生态城市的标准主要有如下三项：(1) 城市的整体规划符合生态学原理，空间设计与地质、水文、气候等自然条件相适应。(2) 具有完善的城市绿化系统，形成点、线、面结合的城市绿网。如果进行量化，生态城市的绿地覆盖率应在50%以上，居民人均在90 m^2 以上。(3) 人类活动所产生的各类废弃物可以通过有效的措施减少到城市环境容量以内，不对城市环境以及居民健康造成不良影响。

（二）社会维度的衡量标准

从社会维度着手，衡量生态城市的标准主要有如下五项：(1) 基础设施建设完善，城市中的能量、物质、信息等在完善基础设施的支撑下，可以有效地流动。(2) 可以为居民提供高质量的生活环境，居民生活满意度高。(3) 人与人之间可以和谐相处。(4) 具有一套完善的管理系统，能有效管理人口与资源，确保城市的有效运行。(5) 具有较高水平的软件保障，包括发达的教育体系、较高的居民素质。此外，具有稳定的社会秩序、良好的社会风气、丰富多彩的文化生活、良好的医疗保障，人们在道德标准和环境意识的规范下，自觉控制自己的行为。

(三) 经济维度的衡量标准

从经济维度着手，衡量生态城市的标准主要有如下两项：(1) 产业结构合理，其占比大小应为第三产业>第二产业>第一产业。其中，第二产业应向着产业生态化的方向发展，通过高新技术的应用，提高生产效率，最大限度地减小对环境的污染；第一产业则应向着高效生态农业发展，生产绿色、有机产品。(2) 生产力布局和能源结构合理，城市的经济系统高效运行，且能够与生态系统协调发展。

第二章 生态城市构建的理论基础

第一节 生态城市的三维构建与实质

一、生态城市空间的三维建构

自然空间、社会空间与历史空间是构成空间的三大组成部分，更是城市空间的三重维度。人类在考虑空间问题时，应立足于历史发展的过程与历史空间的角度，对自然空间和社会空间进行全面的考察，绝不能从某一种空间维度对其进行片面的论证。自然空间、社会空间与历史空间三者之间辩证统一的关系是建构生态城市空间的基础。人类在追求和谐社会与城市空间的理想状态的过程中，应客观地考虑自然空间的物质形态，辩证地认识社会空间的关系聚合。只有如此，才能对历史空间进行深刻的总体认识，才能真正认识生态城市空间的三重维度，进而才能对当代城市进程中出现的空间分异问题进行全面的解析。

（一）自然空间的规律性

自然空间是大自然给予人类最丰富的馈赠，更是人类生存的根本。对于人与自然的关系，在人面前是自然现象之网。本能的人，即野蛮人，没有把自己同自然界区分开来。自觉的人则区分开来了。人之所以能成为"真正的人"，成为"自觉的人"，重点就在于把自己与自然界区分开来。没有区分开来的人与自然并无差别，可以说其本身就是自然，处于人类最原始的野蛮阶段。一旦人类有了意识，将自己区别于自然界之外，自然空间就拥有了建构的可能性。对于野蛮人来说，自然空间是神秘莫测、神圣、不可战胜的未知领域。但对自觉人来讲，自然空间作为人的生活空间，它的改变与发展除了应遵循自然界自身发展的规律，更应跟随人类的发展与改变而变化。对自然空间的认识，应始终从以下两个方面进行考量：

1. 充分认识自然空间的客观发展规律

虽说人类赋予了自然空间存在的意义，但自然界有其发展的自身规律。人类只有充分认识自然界的客观发展规律，才能更好地认识自然、改造自然。近年来，"还耕于林""植树造林""治理雾霾"等措施的实施，均说明了人类认识自然空间与自然发展规律的重要性。可见，充分认识自然空间的客观发展规律应是城市空间建构的基础与前提。

2. 人类对于自然空间改造的合理性

人类对于自然空间改造的合理性是当今城市空间建构的重中之重。空间异化所产生的"城市病"，如大气污染、水污染、噪音污染、温室效应、交通堵塞、能源紧缺等，都是人类对自然空间改造不合理所造成的严重后果。理想的城市空间，是人类在充分认识自然空间发展规律的基础上，对其进行合理的主观能动改造的成果。只有如此，人类所向往的和谐空间、和谐社会与生态城市才能实现。

（二）社会空间的意识性

生态兴则文明兴，生态衰则文明衰。既然城市空间是人化自然的实践产物，那么城市空间就不仅仅是一种物质形态，更应是一种人类社会关系等多种复杂关系的聚合。城市空间可理解为，人类长期在空间聚集与交往的过程中所形成的一种社会关系集合。

社会的人的感觉不同于非社会的人的感觉，只是由于人的本质的客观地展开的丰富性，主体的、人的感性的丰富性，如有音乐感的耳朵、能感受形式美的眼睛。总之，那些能成为人的享受的感觉，即确证自己是人的本质力量的感觉，才一部分发展起来，一部分产生出来。因为，不仅五官感觉，而且所谓精神感觉、实践感觉（意志、爱等等），一句话，人的感觉、感觉的人性，都只是由于它的对象的存在，由于人化的自然界，才产生出来的。

人的存在与客观世界的相互依赖形成了人化自然的理念。自然为人类提供生存的基本物质环境，同时人的存在又赋予自然存在的意义。这其中"人与自然的融合统一"正是城市空间建构的本质与核心。人不仅具有与生俱来的自然属性，其本质上还是一切社会关系的总和。城市空间不仅具有自然性，而且具有社会性，是整体性的有机统一，也是人类社会发展与人类进步的重要元素。

（三）历史空间的统一性

毫无疑问，世间万物的发展都经历了漫长的岁月洗礼，从产生、发展、完善到定型是一个渐进的过程。城市的形成与城市空间的建构同样经历了这样漫长的过程。城市的产生与发展需要许多先决条件的支撑才能进一步实现，如自然条件与地理位置的允许、人口的聚集、生产力的发展、农业与经济的繁荣等。由于推动城市的产生与发展需要多种要素集合，众多学者才能从各自的领域与视角探讨城市产生与发展的动因。例如，城市地理学家多从自然环境的角度出发来探讨推动城市形成的动因；经济学家对城市的研究多侧重于经济发展对城市的影响与贡献；社会学家对城市的探讨则着重于对人类的研究。虽然从不同的视域都可以对城市进行剖析与解读，但对城市形成与发展的研究不应只局限于某一视域，而应从"历史与整体"的角度、从整个人类发展史的角度来进行全面的考察与探讨，从而总结与归纳出城市发展的基本规律。人类只有真正理解了城市发展的基本规律，才能进一步从微观的具体学科来对城市的发展进行更加具体与详尽的分析。

随着时间的流逝与历史的发展，空间始终处于不断累积的过程中。这代表着任何一种空间形态都势必处于不断发展的过程中，新的空间形态必然是基于旧的空间形态发展而来的。新的空间继承并发扬了旧空间中合理的、积极的内容，抛弃了其畸形的、消极的内在因素，形成了新的、符合时宜的空间形态。由此可见，在历史发展的过程中，自然空间与社会空间的发展理应蕴含着历史空间的发展。

人类与社会的不断发展造就了历史的产生，更造就了历史空间的不断改变。如果说自然空间是一种物质形态，社会空间是一种流动的关系集合，那么历史空间则是城市空间构建过程中必须遵循与考虑的具体情况。历史是社会发展的必要产物，历史空间是随着社会发展而不断累积产生的空间形态。对历史空间的考察应以时间轴为发展脉络，例如历史的三个阶段：农业社会、工业社会、后工业社会。城市空间形态随不同历史阶段而改变，同时也受前一历史阶段的空间积累所制约。新的历史阶段的来临，往往是人类对旧的历史空间的"扬弃"。自然空间和社会空间最终都会随着时间的流逝，终归于历史空间。可见，历史空间是阶段性自然空间与社会空间的累积与展现。

二、城市空间建构的实质是利益分配

(一) 生产力与城市空间建构的相互影响性

自人类社会形成以来，人类通过不断的劳动实践改造着空间形态，建构符合自身发展的空间结构。空间展现给世人社会文明发展的轨迹，它如"时间"一样，是人类认识世界、了解世界、改造世界的基本方法。从空间研究史来看，空间并没有像时间一样，有一条明确的时间轴来展示人类文明的发展。然而，生产力与空间结构演变的历程却能清晰地折射出城市的发展史。

历史是由人创造的。人类是创造历史、改造城市的主体，城市的发展与人类的进化是息息相关、不可分离的。人类应在城市发展的历程中、在漫长的历史长河中，去寻求推动城市发展与形成的动因。既然历史是由人类创造的，那么人类是如何创造历史、创造城市、改造自然的呢？在历史形成的漫长的岁月中，究竟是什么促进了人类的进化、推动了城市的发展呢？毋庸置疑，答案就是生产力。

1. 生产力的内涵与构成要素

概括而言，人类的发展与城市进化在很高程度上依赖于生产力的发展。同时，土地与空间的形态与结构反过来又影响着生产力的发展。在不同时期，人类对物质财富的要求不同，导致生产力的性质、劳动的人数与生产劳作的方式都不尽相同。我们可根据生产力的不同性质将生产力划分为物质生产力、精神生产力与人本身的生产力，又可根据其载体劳动者的数量划分为个体生产力、群体生产力与社会生产力，还可根据具体的生产方式将其划分为劳动生产力、技术生产力以及创新生产力等。

（1）生产力的内涵

生产力的概念最早源于西方古典经济学家们的研究与思考。正如前文所述，法国重农学派的创始人弗朗斯瓦·魁奈在探讨社会财富、分析经济问题的时候，首次提出了土地生产力的概念。人类社会的财富来源于人类对土地的耕作。在魁奈看来，人类通过对土地辛勤的劳动耕作，生产出人类生存的必要品——农作物。随后，英国著名经济学家亚当·斯密提出了劳动生产力的概念。人类创造物质财富、改善生活质量的核心和根本就是劳动，只有劳动才能使人类在生活中完成具体的生产活动，才能进一步为人类创造物质财富。同时，斯密进一步讨论了劳动者对劳动技能掌握的熟练程度是提高劳动生产力的关键，并不止一次强调了劳动分工的重要性。

除此之外，大卫·李嘉图与弗里德里希·李斯特都试图建立属于自己的生产力理论框架，但都各有局限。如大卫·李嘉图忽略了生产力与财富和价值之间的关系，认为财富的增加是由商品的价值决定的，而商品价值的高低取决于人类在商品上消耗的时间与工作量。但随着机器的运用、科技的发展，用劳动量来衡量商品的价值显然是错误的。此外，他也忽略了生产力的发展与人之间的内在联系。李斯特试图构建的生产力理论的核心是国家生产力，其本质是精神生产力。他认为文化和精神的建构可以显著提高人类的个人修养和素质，进而促进国家生产力的提升；人类的精神世界是促进人类生产力进步的根源，用他的话来总结就是"精神生产了生产力"。但是，生产力的范围并不仅仅是精神领域。

首先，应将实践引入生产力概念中，并用实践来阐释生产力的内涵。实践是人类存在的基本方式，是人类主观能动地改造自然的具体活动。人类只有通过实践的具体活动才能进一步自我发展、自我提高、自我完善。实践是实现一切物质财富的创造与人类发展等具体活动的基本手段。对生产力概念的阐述绝不能脱离人的发展，而应将两者相结合。生产力是人类生产实践活动的能力，是社会发展与人类生活的一切物质基础。

其次，生产力不仅决定着社会与人类发展，更决定着社会中的其他一切活动，如经济、政治、文化等。生产力是人类最基本的实践活动。人类通过生产实践获取某种物质利益，进而满足自身发展的需求。生产力最核心的目标是促进经济活动的发展，而经济活动的发展又影响着社会中其他活动的发展。

总之，劳动不仅是维持人类社会发展的根本性活动，更是人类实现自我价值的具体路径。因此，生产力不仅为社会创造了物质财富，更实现了人类存在的价值。生产力的概念应始终与人的发展相结合。生产力就是劳动的生产力,是人类具体的实践活动。人类只有通过具体的劳动实践才能改造自然,创造物质财富、精神财富,进而推动人类与社会的全面发展。

(2) 生产力的构成要素

在发挥生产力能效的具体过程中,人类既需要自然界的土地及原材料等物质资源的支持,又需要社会劳动、知识、技术等人力资源的支撑。发挥生产力能效的过程是社会人通过对自然物的主观能动改造而实现的物质生产过程。根据生产力具有的双重属性(自然属性与社会属性),学界对于生产力构成的要素持有多种不同观点,这其中以生产力要素的三因论、双因论与多因论为主流观点。

①生产力三因论。生产力三因论认为,生产力的构成要素包括有目的的活动或劳动本身、劳动对象和劳动资料。这三个要素在一切劳动过程中缺一不可。劳动过程又可看作生产劳动的过程。基于此视角,人们指出,传统生产力构成的三要素,分别为劳动者、劳动对象与劳动资料。英国著名学者柯亨对生产力的构成做出了另一种阐释。他认为,生产力由生产资料和劳动力组成。生产资料包括生产工具、原材料与生产空间。这其实从另一个侧面支持了生产力三因论。

②生产力双因论。生产力双因论认为,生产力由生产资料与劳动力构成,不包括劳动对象。这种观点认为生产力是人类创造物质财富的一种能力,这种能力并不会随着劳动对象的消失而消失,是与劳动过程有本质区别的。劳动过程会因为劳动对象的消失而终止,但生产力始终存在于人类的身体中,并不受劳动对象的制约与束缚。它是人类的一种能力与技能,是一种能动的社会力量,因而只包括能动的因素,如劳动者与生产工具,而不包括非能动的因素,如劳动对象。

③生产力多因论。随着科技的发展,生产力开始逐步从人类的体力劳动中解放出来,更多地出现在人类的脑力劳动中。于是,人类开始把科技、管理、组织、教育等更多的因素纳入生产力构成要素的范围内,从而形成了现代生产力的多因素论。

哈贝马斯对于生产力的构成给出了这样的概括:生产力是由下列因素构成的:第一,在生产中进行活动者,即生产者的劳动力;第二,技术上可以使用的知识,即变成了提高生产率的劳动手段——生产技术的知识;第三,组织知识,即有效运用劳动力、造就劳动力和有效地协调劳动者的分工合作的组织知识（劳动力的动员、造就和组织）。由此可见，现代生产力的发展主要依靠知识的提高与科技的发展。此外，有些学者认为应将任何能够推进人类知识的提高和科技创新的因素，都纳入生产力的构成要素中来，如管理、制度的促进作用等。

归纳而言，随着时代的发展，生产力的构成要素也在逐渐改变。例如在原始社会，当人类还没有意识到工具对于生产力的重要性时，生产力的组成仅仅包括劳动者对劳动对象的改造。然而，当人类认识到生产工具的运用可以极大限度地提高生产效率时，生产力的构成要素就转化为劳动者、劳动对象以及劳动资料。当蒸汽机、纺纱机、电力、火车等工业机器闯入人类生活，人类惊讶于其强大能力的同时，更逐步认识到科技对生产力的巨大贡献。"科学技术是第一生产力"这一命题逐渐得到了众多学者的认可与普及。

（3）生产力的类型

随着时代的变迁，人类对于生产力的构成要素有了不同的观点，但对于生产力的类型，人们却普遍认同可根据生产力的不同方面进行下述划分。

①物质生产力、精神生产力与人本身的生产力。根据生产力的性质，我们可将生产力划分为物质生产力、精神生产力与人本身的生产力。从广义上来说，人类生产创造的一切物质财富都可归纳在物质生产力的范畴内。人类与动物最根本的区别就是，人类可以主观能动地改造世界，人类具有独立判断与思考的能力，人类是有意识的主体。精神生产力主要是指人类塑造其思维、观点、意识、价值观、道德观等精神世界的能力。精神生产力不仅可以为人类创造物质财富提供指引与帮助，更是人类缔造精神文明的核心。那么什么是人类创造物质财富与缔造精神文明的前提呢？答案显而易见，那就是人的存在。人本身的生产力指的是人类自我繁衍与存活的能力。在科技不够成熟的古代社会，人本身的生产力大多是指大自然赋予人类的最原始的生育力。"多子多福""人丁兴旺"均体现了人类对于人本身生产力的现实诉求。在现代社会，人本身的生产力，不仅指的是人类的生育力，更多地倾向于人类对自身健康与寿命的管理。例如，人类平均寿命的不断延长体现出人类对人本身生产力的不断追求。生活决定意识，意识推动生活，这一切存在的前提条件正是人本身的存在。

②个体生产力、群体生产力与社会生产力。我们还可以根据劳动者的数量与劳动的复杂程度将生产力划分为个体生产力、群体生产力与社会生产力。个体生产力就是指人作为单独的个体所拥有的改造自然与创造物质财富的能力。由于个体间的差异，个体生产力的能力也因人而异、参差不齐。很多时候，个体并不能独立完成较为复杂的生产劳动目标，而需要他人的协助合力完成。于是，群策群力的群体生产力出现了。由于个体数量众多，群体生产力中的生产关系也相对复杂，但其能够产生的生产效率往往是惊人的。社会生产力则是宏观层面上当时社会的一切生产力的总和，代表了这一时代或这一时期生产力的总体发展水平，是推动社会发展与时代变更的核心动力。

③劳动生产力、技术生产力与创新生产力。不同历史时期，生产力体现的主要生产方式也因时而异。在生产力水平普遍低下的古代社会，生产力主要表现为由具体的、分散的个体狩猎与捕鱼等劳力活动，转变为相对集中的农业耕种等体力劳动，可统称为劳力生产力。自16世纪中后期，伽利略通过实验将科学、技术与物质生产结合在一起开始，人类逐渐发现了技术对生产力所产生的巨大推进作用。尤其自工业革命开始，人类社会彻底从传统的农业社会转变为工业社会。蒸汽机与电力的广泛利用使人类品尝到了科学技术对于生产力发展的强大促进作用。

近代以来，各类技术生产力如雨后春笋般不断涌现，人类开始不断学习技术、掌握技术并将其熟练运用于不同领域中。然而，技术发展到一定的程度便会形成固有的发展模式，进而固化生产力的发展速度。如何打破这一模式就变成了推动社会发展与生产力进步的关键。创新是颠覆思维、打破僵局的唯一途径。"创新是生产力"的论述逐渐走入人类的视野并被大众所推崇。创新驱动发展战略成为新时代我国发展的基本战略之一。总体而言，技术生产力与创新生产力是相辅相成、融会贯通的。创新生产力创造了新的科技，新的科技需要得以推广与运用才能进一步普惠大众，这就需要人类熟练掌握并运用新的科技，即提升技术生产力。

2. 生产力促进城市发展

人类可基于历史的发展过程来回顾城市的发展历程，基于城市的发展历程来回顾生产力的发展历程。从原始部落、市民社会（前工业城市）到工业城市，以及现今发展的智慧城市，由城市发展与空间演化的历程，我们不难发现，生产力不仅是推动整个人类社会发展的决定性力量，更影响着城市空间形态与结构的演变历程。生产力的发展为城市的进化与人类社会的发展提供了不可或缺的物质基础。没有生产力的发展，人类社会将永远定格在原始部落，定格在人类为满足基本生存所需而辛苦奔波的纪元。

劳动是人类的本质，是人类真正的生命活动，是人类区别于动物的根本。劳动不仅能创造出人类所需要的物质生活资料，更能在劳动的过程中创建社会关系，从而进一步自我发展与完善，实现人类真正的全面自由的发展。劳动是一个随着历史的发展而不断发展的过程。世界的整个发展史是在人类劳动的基础上产生的，人类通过不断扬弃"异化"对劳动与对人的控制，进而实现人类真正的解放。"实践"是人的本质，是人类最基本的生命活动。没有劳动，人类无法维持其肉体的存活，更何谈世界、社会与城市的诞生？亚当·斯密在《国富论》中，对生产力对人类社会发展的重要性给予了充分肯定。生产力的发展给人类社会带来了巨大的剩余产品以及物质财富，是城市形成与社会发展的前提条件。

3. 城市空间影响生产力发展

土地是社会空间产生的基础，更是城市形成的先决条件。人类营养与能量的来源——食物，必须在土地上完成生产与种植。没有土地，人类无法生活，生产力无法存在，城市更无法形成。由于"土地-空间"的不可或缺性与重要性，地租变成了资本运作的一个重要因素。资本主义社会践行土地私有制，人们一旦购入土地可终生持有、继承、买卖。资本家如需在特定区域范围内进行生产经营，就必须从土地所有者的手中获取土地的使用权或所有权，地租便产生了。地租在资本运作中具有不可替代的决定性意义，导致资本家们争相操控地价与地租，从而影响生产力发展。

自英国古典经济学家亚当·斯密开始，李嘉图、马克思等都对地租进行了深入系统的研究。李嘉图在《政治经济学及赋税原理》中指出，地租的产生依赖于土地的地理位置、数量、大小以及土壤的肥沃度等因素。地租的研究应以分配为基础，并把劳动价值论与级差地租的理论联系在一起进行系统的研究。土地对人类生存的重要性，使得人类对地租的研究越来越充分。对地租理论的研究不仅应基于劳动价值论，还应与剩余价值、利润、生产价格相联系。

土地由于地理位置、优劣程度方面的差别，其生产状况、收益情况也不尽相同。位于城市中心的优质土地产生了难以想象的超额利润，而位于有限的优质土地上的产物则由于昂贵的地租而增多，形成了市中心高楼大厦拔地而起的现象。当市中心的建筑物与空间达到了一定密度的饱和后，资本家会随即向市中心四周谋取商机，从而将其资本投入在邻近市中心的、地租相对便宜的土地上谋求发展，寻找下一个利润增长点，这正是城市扩张的基本路径。随着级差地租的加大与土地上建筑空间的不断增加，土地上人口的密度也明显飙升。优质的稀缺土地带来资本的不断投入、建筑空间的增多、人口的密集，同时也带来风险与不稳定。有限的土地与不断增加的建筑物以及人口密度，也为城市空间的安全带来了隐患，从而影响了生产力的实施。

（二）空间是城市利益分配的基石

城市的存在不在于物质形态的辉煌，而在于是否能够满足人类不断发展的需求。有限的社会物资对应着不断发展的人类需求，"利益分配"应运而生。空间是人类生存的基本载体，空间权益是关乎全体民众的基本权益。由于个体能力的差异及资源占有的不同，社会阶层逐渐产生并分化，人们对空间的占有也不尽相同，最终造成空间隔离的形成与城市空间分异现象的产生。如何正确对待城市中不同阶层日益增长的空间需求，维护空间正义与空间秩序，从而真正实现宜居城市的创建，满足人民日益增长的对美好生活的需求，已成为当今社会城市空间研究的主体，即城市空间分异研究。这一切的起源，皆为利益分配。

人的活动赋予了自然空间存在的意义，使其脱离了混沌、未知、蛮夷的属性，成为能满足人类不断发展的需求的社会空间与历史空间。然而，需求的扩张是持续的、无限的。由于有限的资源和无限的需求之间存在矛盾，分配的重要性不言而喻。

1. 剩余产品推动生产力发展与社会分配的产生

从原始社会开始，又或者自人类有意识地进行劳作开始，空间与人类便相互赋予了存在的意义。在人类聚集于某一空间区域内集体生活与劳作的过程中，劳动分工促使剩余产品出现，游牧社会转变为固定区域的氏族聚落，市场与城市的雏形随之显现出来。市场与城市的形成代表着区域内剩余产品的出现、物资的丰富以及生产力与经济发展等一系列活动的活跃。所有制与私有制的出现，推动着剩余产品的产生与生产力的进一步发展。有限的物资对应着人类无限的需求，社会分配应运而生。

2. 社会分配与社会生产具有一致性

社会分配涉及的领域极广，不仅涉及物质方面的各种利益分配，还涉及政治、文化、教育等各个领域。可以说，社会分配的导向引导并影响着社会发展的导向，社会分配是社会发展的重要组成部分。关于分配，消费资料的任何一种分配，都不过是生产条件本身分配的结果；生产条件的分配，则体现了生产方式本身的性质。例如，资本主义生产方式的基础在于，物质的生产条件以资本和地产的形式掌握在非劳动者的手中，而人民大众只有人本身的生产条件，即劳动力。劳动者、资本、地产等生产条件决定着社会分配的方式。简单来说，就是社会分配的前提是社会拥有可分配的物资，社会才能进行分配。从根本上来说，社会分配受制于社会生产的具体能力，社会分配与社会生产具有一致性。

3. 空间是生产的前提与社会分配的基石

空间作为劳动者生存的场所、资本运作的领域、土地存在的形式，为一切生产条件提供存在与运行的基础。没有空间就没有生产条件存在的可能，没有生产条件就谈不上社会分配的出现。生产条件包括生产资料与劳动者，土地（空间）是生产资料中不可或缺的一个重要部分；居住空间是劳动者生存的必要条件；原材料的产生与质量的好坏依赖于自然空间与土地的优劣；生产工具技术水平的高低与工作环境（空间）的好坏紧密相关。由此可知，空间是生产条件产生的前提，更是社会分配的基石。

（三）分配关系决定社会建构

随着社会的不断发展、财富的不断累积、文明的不断进步，人类对物质生活的要求也随之不断提高。物质的丰富、欲望的无限，体现出分配的重要性。合理的分配是社会稳定的重要条件之一，更是一种从社会现实情况出发的具体行为。

在生产中，社会成员占有（开发、改造）自然产品供人类需要；分配决定个人分取这些产品的比例；交换给个人带来他想用分配给他的一份去换取的那些特殊产品；最后，在消费中，产品变成享受的对象，个人占有的对象。生产制造出适合需要的对象；分配依照社会规律把它们分配；交换依照个人需要把已经分配的东西再分配……因而，生产表现为起点，消费表现为终点，分配和交换表现为中间环节，这中间环节又是二重的，因为分配被规定为从社会出发的要素，交换被规定为从个人出发的要素。

生产关系决定分配关系，分配关系决定社会构建。分配依靠特定的社会规则对现存物资进行划分，它决定着个人占有社会物资的比例和数量，是关乎所有民众切身利益的重要环节。生产、分配、交换、消费是相互影响、相互统一的完整经济链条。生产是这一过程的起始，起着决定性作用。分配则是生产关系的一种体现。生产并不是一成不变、抽象的活动，而是由当时特定的社会环境和历史条件所影响、改变的具体活动。分配也是由当时的社会规则和社会情况决定的，并且直接受生产影响。城市空间建构的实质是分配，即对政治空间、经济空间、居住空间、工作空间、文化空间、娱乐空间等各类空间的规划与分配。

生产关系决定分配关系，分配关系催化空间分异。分配资源必然无法做到完全的平均分配。个体的差异、能力的大小、产出的多寡等各种因素聚集，均影响着分配差异化的产生。差异的分配影响着社会中人与人的、群体与群体之间的层次，从而形成社会等级。社会学家普遍称这种有序排列，如地质构造中高低阶梯排列的层次为"社会分层"。如不适时控制社会分层的出现，社会分层将有可能进一步发展为空间分化，进而导致城市空间分异的产生。只有遵循生态城市空间建构的基本原则，探究其建构的本质与根源，进而寻找联动发展的共性，围绕空间建构的主要原则与治理模式展开研究，才能真正实现城市空间的稳定分配，最终达到和谐社会的理想状态。

第二节 生态城市建构的基本原则

城市空间建构的实质是利益分配，分配的公平与否影响着空间结构的布局是否合理。自古以来，对于城市空间的分配问题，众多学者不断尝试提出各种分配原则，例如按劳分配、按需分配、按投资贡献率分配等多种分配原则，每种分配原则均具有一定的合理性与适用前提。但不管是哪一种分配原则成为社会建构与空间分配的主体原则，都只有坚持"以人为本""分配正义""统一建构"三大基本原则，才能真正实现城市空间的公平分配，治理城市空间分异现象，保障社会稳定，从而达到理想的生态宜居城市的和谐状态。

首先，在充分考虑共生理论的关联性、承接性、交互性、融合性与统一性的基础上，融入罗尔斯的正义原则，构建出生态城市空间建构的基本指导原则。其次，基于"以人为本""分配正义""统一建构"等指导原则，探寻出空间建构的具体实施方案，例如，城市公共资源的共享模式、土地供给方式、混合居住模式以及促进公众参与的空间联动等。最后，通过识别城市居民需求，将绿色与生态融入空间建构，构建居民满意度评价准则，试图让居民获得真正的空间归属感与幸福感。

一、"以人为本"是生态城市空间建构的根本

（一）"以人为本"的三重含义与维度

1. "以人为本"的三重含义

基于"以人为本"原则的城市空间分配具有三重含义。

第一重含义：不管城市实施的是哪种空间分配制度，都必须满足绝大多数民众对空间的基本需求，不断提高广大民众的生活品质。根据城市自身的现实条件，确定合适的空间分配制度，才能最大限度地达到社会稳定、生产力发展的理想状态。

第二重含义:"以人为本"的空间分配制度必须满足人的全面发展的愿望,提高民众的幸福感。人类对空间的需求不仅局限于对居住空间的需求,还包括人的全面发展。这意味着除居住空间以外,教育、医疗、发展等方面同样体现着人类的空间诉求。空间分配只有以"人的全面发展"作为指导原则,才能真正规划出理想城市的雏形。

第三重含义:"以人为本"的空间制度需要充分考虑实施城市空间分配制度的现实条件,如政治、经济、文化等现实因素。人类不断发展的需求与欲望总是受到现实条件的制约,例如经济发展的速度、人类的思想意识等。如果忽略了现实条件的存在,"以人为本"的生态城市空间建构终将成为一纸空文,无法实施。

2. 城市治理"以人为本"的三重维度

(1) 物质分配维度——空间分配的"以人为本"

这应从人与自然的和谐性与城市空间资源的公平性展开。首先,是指对城市物质环境层面的有效管理。城市由多种功能各异、形态各异的不同空间所组成,如工作空间、居住空间、娱乐空间、休闲空间、交通空间等,它们共同组成人类整体的生存空间。从物质规划层面而言,城市空间规划是指以应用为取向的城市公共空间和公共设施的设计,其核心是一种确定公共利益的行为,体现着人类具有的城市权益。如何合理、有效地分配城市的有限空间与物质资源,使居民能更好地享受城市公共资源,并通过公平分配提高居民的生活质量与幸福感,是城市治理的首要问题。

(2) 制度约束维度——制度制定的"以人为本"

这是指规章制度、法律条款对城市空间的监督与督促作用。合理的城市空间布局依赖于人类对空间的改造是具有规范性和制度化的改造,必须与社会的发展相协调,而不是无序混乱的改造与破坏。这就需要制度的监督与约束。制度的约束是城市治理有效运行的保障。可以说,没有制度约束的城市治理是极不稳定的。

(3) 道德引导维度——思想意识的"以人为本"

城市空间是人类对自然界主观能动的改造,是人类对理想家园的追求。道德价值与伦理规范是人文秩序的核心,对城市治理同样具有极强的指引与引导作用。明确"以人为本"的三重含义,并将其贯穿于城市治理的三大维度,是确保城市有效运行的基本条件,更是治理城市空间分异的主旨。

(二)"以人为本"的生态城市空间诉求

生态城市空间的真实内涵在于满足人民的基本需求与利益诉求。将"以人为本"的城市空间分配落足于实际应用层面是当代生态城市规划与创建和谐城市的根本,例如以人类居住空间为中心,周围规划生活配套设施,将工业区与生活区相分离,保证人类的生活环境质量等。此外,如何将"以人为本"的理念与现实条件相融合,是城市空间分配始终面临的难题与困境。"以人为本"的生态城市规划应从人类的实际生活需求出发,如从衣、住、行三方面与城市环境的生态宜居性出发展开空间规划,才能真正实现生态宜居城市的建设,达到治理城市空间分异的基本诉求。

生态城市空间应充分考虑居住时的宜居性、衣物晾晒的功能性、交通运输的便利性。生态宜居城市不仅需要具有便捷、发达的交通,也需要在城市空间建构的过程中关注如何满足人类原始的"行"的功能,如建设步行区。例如,在居住空间、工作空间中设置更多的公共空间、绿地以及公园,为人类提供更多的休闲与锻炼机会,以实现城市环境的宜居、舒适与生态性。这正契合了政治局会议提出的绿色化扩容新四化为五化的新任务、新目标,进一步推进和提倡绿色、生态、环保、宜居的新理念。

二、"分配正义"是生态城市空间建构的基础

生态城市是按照生态学原则建立社会、经济、自然协调发展的新型社会关系,有效利用环境资源实现可持续发展的新生产和生活方式,而建立的高效、和谐、健康、可持续发展的人类聚居环境。城市空间建构的实质是利益分配。分配的制度与原则决定了空间建构的效率与方式。"分配正义"一直是诠释与实现社会"基本善"的保障。正义不仅是一种公德,更是城市空间建构的基础。正义对于空间的意义在于,其在处理城市利益相关群体之间各种错综复杂的冲突时所显现出的绝对优势。空间正义应作为城市空间分配的重要指导思想之一,予以重视。空间正义是人类普遍愿意接受的价值规范,它既可以提升民众对制度的信任

度、认同度、安全感，也是人类调节空间矛盾的基本原则与解决路径。从"分配正义"的角度对城市空间进行合理的规划，可以在某种程度上促进人与人之间的交往与互惠，推动"社会家庭共同体"这一理想事物的产生与达成。因此，在考虑构建生态城市空间分配原则时，应关注人类生存的基本权利、最大平等、权变差异与空间救济等方面，试图达到"空间正义"与"分配正义"，实现人类所期许的社会正义与"基本善"。

（一）空间基本权利原则

正义的基本权利包括平等的自由与机会的平等。首先，平等的自由代表着公民基本权利的平等，更是确保公民起点的平等与社会公正的前提。自由与平等是正义基本权利的第一层要义，更是公民最基本的权利与诉求，是其他权利与原则建构的基础。其次，机会的平等代表着公平竞争、不论出身的机会平等。社会上所有人都拥有平等竞争的机会，拥有通过自身的努力与能力获取更高、更好的社会地位的机会。除此之外，机会的平等必须依靠有效的制度对其进行保障，这更多地体现出"分配正义"需要制度的保障。因此，空间基本权利原则应包含两个维度，即空间基本生存权利与空间机会平等权利。

1. 空间基本生存权利

空间基本生存权利确保了公民在空间中的生存权，反映出对人类基本生活空间的保障。空间基本生存权利的确定，确保了人类生存的基本条件，应列为城市空间基本权利的第一要义。空间的居住权与安全权，可以理解为人类生存权的基本体现，更是空间"人本主义"内涵的最好体现。人类空间基本权利的平等与公平是城市发展的核心驱动力之一。城市空间公平分配是全社会所有居民希冀达到的理想生活状态，是"人，诗意地栖居"最好的体现。只有人类城市空间基本生存权利的确定，才能使城市居民的归属感进一步提升，才能真正达到民族融合、社会稳定的理想城市状态。

2. 空间机会平等权利

空间机会平等权利是基于基本生存权而产生的，指的是公民还应拥有在空间内自由发挥的权利。空间基本生存权利保障了公民在空间中的生存权；空间机会平等权利赋予了公民自由发挥的可能。这代表着公民通过自身的努力与奋斗，可取得相应的发展空间。在教育、职业、工作等方面，所有公民拥有相同的奋斗机会。儿童不论民族、家庭、收入与财富状况等，均应获得平等的受教育机会。例如，我国九年义务教育的普及、微机派位的实施都体现了新中国教育的公平与平等。然而，空间基本权利的确立，并不代表着对所有空间均应采取无差异化的一视同仁分配原则，而应从根本上满足所有居民的基本生存权益与发展的需求。

（二）空间最大平等原则

如果所有公民都平等地拥有空间生存与机会平等的权益，那么如何保证公民在空间中自由发展的权利呢？空间最大平等原则代表着自由与权利的平等，是在空间基本生存权利与空间机会平等权利之上延伸而来的。空间最大平等原则可以最大限度地保证公民对空间使用的权利与自由，同时可进一步确保公民在空间中自由发挥的权利。两者之间相辅相成并密切关联。

从物质层面上来讲，空间最大平等原则保障了公民在物质空间中自由访问与自由行使的权利。例如，美国学者唐·米切尔在《城市权：社会正义和为公共空间而战斗》一书中指出，城市权利与列斐伏尔的空间思想紧密相关。唐·米切尔对城市权利是这样阐述的：城市权利本身就标示着一种处于首位的权利，即自由的权利，在社会中有个性的权利，有居住地和主动去居住的权利。进入城市的权利、参与的权利、支配财富的权利（同财产权有明晰的区别），是城市权利的内在要求。可见，进入城市的权利、参与的权利与支配财富的权利，都代表着人类物质层面的空间自由度与权利。

从人文层面上来讲，空间最大平等原则保障了社会形态的自主、公民思想的开放与自我实现的可能。唐·米切尔在描述言论自由与文化自由时，强调了公民的"话语权"正是另一种保障公民精神空间自由度的体现。美国学者刘易斯·芒福德同样强调了文化自由的重要性：贮存文化、流传文化和创造文化，这大约就是城市的三个基本使命了，将来城市的任务是充分发展各个地区、各种文化、各个人的多样性和他们各自的特性可见，文明的发展促进了人类自由的实现，更促进了人类精神空间与思想空间的自由。空间最大平等原则不仅保障了公民的空间出入、访问与发挥的权利,更确保了公民在空间自由发挥的同时,进一步达到自我实现。

(三) 空间权变差异原则

如上述原则所述,机会面前人人平等,努力拼搏会带来社会地位的改变,但鉴于个人能力的不同,努力拼搏所带来的结果却是极具差异性的。如果努力与懈怠带来的结果相同,何谈城市建设,更何谈社会发展?这是一种既包含"平等",又包含"差异化"的激励政策。

起点的平等,不代表结果发展的一致;结果的差异,却反过来推动着人类的发展。甚至在某种程度上而言,结果的差异反而在一定情况下可以促进起点的平等。例如,差异化的结果促进了生产力的发展、科技的创新与社会物质的丰富;而正是社会物质的丰富,才能真正保障社会公民的基本权益,保障起点的平等。那么,在不违反正义平等的原则下,允许差异化的存在就显得尤为重要。只有这样才能进一步促进与激励公民自我发挥与自我实现。

简单来说,空间权变差异原则,不仅体现在差异化的收入与差异化的物质分配上,更体现在差异化的空间分配上。空间差异化的具体实施原则应是具有权变因素的,应根据不同情况制定不同区域的空间权变差异原则,但其总原则是不变的。归纳而言,总原则应包括以下两个方面。

1. 应对空间权变差异原则的适用范围进行限定

空间权变差异原则仅限于社会经济利益的分配,其他空间领域应避免差异化的存在。例如,居住空间、教育空间、思想空间、文化空间等领域应以平等分配原则为主导。此外,经济空间与财富空间应采取适度差异原则。

2. 应对空间权变差异原则的最大、最小限值做出规定

虽然个体的先天能力与努力程度不同,必然导致结果的不同,但我们可以通过设定空间差异化的最大、最小限值,来限定社会群体的空间权益,以避免不同群体间差异过大导致阶级固化与阶级斗争的产生。

三、"有机统一"是生态城市空间建构的抓手

人类通过实践活动不断地创造社会文明，改变历史，创建符合人类发展需求的城市空间。城市空间由静态空间与动态空间构成。城市静态空间是指人类的过往行为对空间所形成的静止空间形式。城市动态空间是指人类在不断发生的具体交往活动中所形成的动态空间形式。生态城市空间建构的过程应为多领域的沟通与相互作用，并试图打破空间与领域间的壁垒，使城市空间不仅具有局部功能性，更是有机统一的整体。这里从人类活动的三重空间出发，探寻生态城市空间所蕴含的丰富的目的性与规律性。

（一）生态城市空间的目的性

由于城市空间是人类主观能动的改造，因此改造的主观意识就形成了城市空间的目的性。明确的目的性给予了人类行动的方向与动力，是生态城市空间建构的指引与导向。合理的目的性、合规律性是生态城市空间建构的关键。生态城市空间的目的性需要人类客观认识自然事物，并根据自身现实条件进行设置。其目的性应包括以下三个方面：

1. 满足人类不断发展的需求——人的自由全面发展

城市存在的根本是其能否满足人类不断发展的需求，这就是城市空间首要的目的性。既然城市空间是人类主观能动的改造，那么对城市空间的建构首先应根据人类自身生存与发展的需求进行"空间的生产"。例如，在城市形成初期，人类出于安全需求建立了城墙与护城河，出于生存需求建立了房屋与集市，出于交往需求建立了茶馆与公园等公共场所。人的全面自由发展指的是，人的体力与智力双方面的全面、自由、和谐发展。这代表着城市空间的建构不仅仅包括人类物质空间的建设，还包括人文空间的建构。在现代社会，建设居住空间、教育空间、军事空间、政治空间、经济空间等众多空间的本源都是满足人类不断发展的需求这一城市空间发展永恒的主题。

2. 符合自然界发展的客观规律——城市的长久可持续发展

虽然城市空间是人类对自然空间主观能动的改造，但自然空间的客观发展规

律是无法忽略、必须遵从的。在城市空间建构的过程中,有太多人类违背自然空间发展规律而受到自然惩罚的例子,比如空气污染、温室效应、冰山融化、水源污染、沙尘肆虐等。如今的"还耕于林""生态城市""雾霾治理"等理念的提出,都体现出只有城市空间建构符合自然界发展的客观规律,城市才能长久可持续发展。否则,人类对自然界的改造不仅无法满足自身不断发展的需求,更将加速自然空间与自身的毁灭。

3. 促进人类社会的发展进程——对理想社会的追寻

城市空间的第三重目的,是促进人类社会的发展进程。由远古至今,人类已经历了原始社会、奴隶社会、封建社会、资本主义社会,现正在由资本主义社会向共产主义社会发展的进程中不断努力前行。共产主义社会是人类畅想的没有剥削、没有阶级、没有异化的社会,是一个能够真正实现人的全面自由发展的理想社会,是社会发展的最高阶段。对共产主义的追寻,可以说是共产党人与全人类不断追寻的一种信仰,也是人类社会进化的最终目标。试想若社会上生产力高速发展、物质财富充裕、人类自由平等地全面发展、道德意识与思想形态高度统一、按需分配、全面消除阶级与私有制等社会负面问题,该是多么美好的一幅共产主义社会蓝图。但是,这一切必须在空间这一载体中才能实现。空间是人类生存的基本载体,人类创造空间、建构空间;反过来看,空间建构与合理分配对人类与社会发展有着重要的意义。合理的空间建构促进着人类与社会的发展,而不当的空间分配则制约着人类与社会发展的步伐,是异化的一种体现。可见,城市空间建构的第三层含义应是努力构建合理的空间秩序,从而促进社会的发展。

(二) 生态城市空间的规律性与空间秩序的等级化

生态文明建设不仅是新时代社会发展的重要议题之一,更是人民安居乐业、城市可持续发展的基石。生态文明与城市化进程具有极强的内在逻辑关联性。城市空间不仅是一种物质形态,更是人类社会关系等多种复杂关系的聚合。城市空间的规律性与空间秩序的等级化可以理解为一种空间秩序,是人类在长期聚集和交往的过程中所形成的一种规则。人类依照这种规则对空间进行合理的分配。这种规则不断被遵循、被模仿,逐渐形成了一种通用和共享的城市空间秩序。人们希望借此达到一种理想的生活状态。

城市空间秩序并非一般意义上的由地理位置和空间结构所形成的地理空间秩序，也非在城市规划中受到利益格局和权力结构深刻影响而形成的物质空间秩序。城市空间秩序应从人的自然性和社会性出发，在人与空间的关系模式下，结合城市区域化经济的快速发展，在共同的区域文化背景下，建立新的综合管理模式，最终找到城市空间的分隔与连接，探寻一种能够满足人们追求美好生活状态需求的城市空间秩序。城市空间秩序是人类正常生活的前提和生存的基础条件，是影响城市发展的重要因素之一。

生态文明是人类迄今为止最高阶段的文明形态，其核心思想为和谐共生。生态文明建设的目标，是建立人与人、人与自然、人与社会的"共生秩序"；它既要遵循自然的科学性，又要遵循人文的道德性；它可促进生态机制的有序建设，实现经济、社会自然环境与人的可持续发展。从生态文明思想中"人与自然、人与人（社会）和谐共生"的角度出发，重新审视城市空间秩序，不仅能显著提高城市生活的幸福感，对城市空间秩序的构建也极具指导意义。当前学界对城市空间秩序的研究，多从城市规划、建筑设计、空间效益、空间经济等角度出发，试图寻找一种最具效益与效率的城市空间布局，而往往忽视了从生态文明的视角对城市空间秩序的本质进行探究。这里从生态文明的视角，系统地对城市空间秩序生成的本质、前提、动因以及运行的保障进行全面探讨。这不仅有助于我们更为深刻地把握城市空间秩序的本质及其演化的基本规律，还有利于当代生态城市建设的成功实施。

1. 目标认同：空间秩序的本质

谈及城市，人类首先要思考城市的内涵与存在的意义是什么。生态文明思想始终是围绕着"人"所构建的，这与脱离了"人"的城市空间不具备任何意义相一致。城市的本质不在于城墙的设立，更不在于边界的确立，而在于人类共同发展的目标与利益。城市是人类最得意的创造，其存在的含义不在于物质形态的辉煌，而在于它能否满足人类不断发展的需求。因此，人类为了能够更好地生存与发展，迫切需要一种良好、有序的运行状态，于是"秩序"应运而生。

自发秩序是人与人在社会活动与交往中由内在自发、自生的力量推动所产生的一种秩序。它既没有任何具体特定的预设目的，又不为任何个人意志所掌控，是一种自然的有序状态。这种自发秩序往往是自然界所普遍遵循的一种符合人与社会生存与发展规律的秩序，可称之为"应然秩序"。正如市场本身就像一只"看不见的手"，对各种交易活动进行着调控，从而产生一种不需要外界干预的自发秩序，最终产生一种个体自由的状态。自发秩序不仅可以避免个人意志可能导致的局限性与主观性，更可以充分发挥每个人的知识与才干，从而最大限度地推动社会的进步与发展。

共同秩序是一种凌驾于自发秩序之上的有组织、有目的的秩序，是建立在个人、群体乃至整个社会一致认同的价值基础上的，属于一种位于自发秩序上的高级形态的秩序。在某种程度上，自发的社会秩序是具有一定历史局限性的。这种无目的、无组织、无政府、无主体管控的，由市场自我调节而产生的秩序往往是导致市场混乱、经济危机的主要因素。可以说，这种放任社会自由竞争、自由发展、自由调整的自发秩序具有两面性：一方面，自由性与自发性对社会的进化具有正面促进作用；另一方面，它的无序性、无目的性也正是导致与放任异化现象产生和发展的根源。如果说城市是人类生存与发展的场所，那么生态城市空间秩序的建立就理应顺应人类的发展与需求。因此，对生态城市空间秩序的追求，不应忽略其主体，即人的意愿。归纳而言，生态城市空间秩序既不应是盲目的自发秩序，也不应是忽略个人意愿的共同秩序，而应是一种超越自发秩序，与人类价值与目标认同相一致的空间秩序。

2. 市场集中：空间秩序生成的前提

生态文明的构成源于人类对自然不断的良性改造，城市空间的构成更是源于人口聚集与生产力的不断发展。城市空间是人类进行各种交易活动的具体场所，如市场。城市空间不仅是人类聚集和交往的物质空间，也应是一个实现人类生存与发展的意向空间。没有人类的聚集也就不存在市场，没有市场的集中，城市空间也就失去了其存在的意义，空间秩序更无从谈起。可见，城市空间秩序生成的前提，是人口的聚集与市场交易的集中。

（1）人口的聚集是市场以及城市产生的先决条件

城市的形成是一个随着人类文明的发展而自我发展的历程。人类发展之初，可以说是源于以血缘关系为主的游牧氏族聚落。在原始社会，由于物质匮乏、生产力极度低下，人类基于生存的需求必须聚集生活。在氏族聚落发展的漫长岁月中，人类通过集体劳动与共同协作逐渐发现了劳动分工的重要性。劳动分工的出现使人类从游牧业与狩猎业中分离出来，进行农作物的生产。剩余产品的出现逐步使游牧氏族聚落转变为固定区域内的氏族聚落，市场与城市的雏形也随之初步显现出来。因此，人口的聚集不仅使劳动分工、剩余产品得以出现，更活跃了商品交易的发展，形成了交易频繁的集市与市场，从而也产生了与其相适应的空间秩序。

（2）市场交易的集中是城市空间秩序生成的前提

市场交易的集中进一步激活了区域经济发展。聚集经济反过来又促使更多聚落和更多的人群聚集在该区域，推动了城市的发展。随着生产力的发展以及分工的日趋专门化，人类对交易的场所也提出了更为多样的诉求。事实也是如此，货币的出现使得临时与分散的物物交换的零散集市，逐渐转变为固定与集中的大型市场，以及专门性和综合性的商店。空间秩序必然成为维持频繁的市场交易活动有序开展的前提条件和规则。人类在具体的城市空间中，周而复始地进行着各种各样的交易与交往活动，并逐渐形成共同遵守的城市空间秩序。因此，人口的聚集与市场的集中不仅是人类合群性需求的体现，更体现了人类对生活富足、经济增长的追求，是社会共存与城市发展的本能需求，也是城市空间秩序生成的先决因素与前提条件。

3. 交易推动：空间秩序生成的动因

城市空间秩序构建的过程同样是各种交易活动彼此博弈的过程；也就是说，空间秩序是在经济活动、政治活动以及信仰、道德、伦理等各类社会交往中逐步形成的。城市里各种交易活动互相影响、互相关联，从而形成了一个复杂的交易系统，而城市正是建立在这种庞大而错综复杂的交易系统上的。在各种交易活动互相博弈的过程中，势必有某种交易活动凌驾于其他交易活动上，成为主导城市发展的核心交易，而其他交易活动则会演变为服务于核心交易的衍生交易，逐渐形成核心交易与衍生交易两种交易形式，城市空间秩序的架构也随之逐渐显现出来。（1）就核心交易而言，核心交易的不同产生了空间秩序上的分异。一般来说，经济活动决定着人类的生活环境与生活条件。人类的生活环境和生活条件是人类社会所追求的首要目标，而当今社会可以被认为是一种以经济活动为主的社会交易系统。总之，核心交易的不同决定了社会空间秩序架构的不同。（2）就衍生交易而论，核心交易主体一旦确立，必然会致使其他衍生交易活动为其服务。无论何种核心交易系统，均需与其相配套的行政机构、服务机构、商业机构、公共机构等多个部门来服务和维持其核心交易的运转，这就是衍生交易之于核心交易的意义所在。

新经济地理学派依据经济发展和地理区域环境改变之间的联系，来解释城市空间的形成与划分。该学派认为，是城市空间向心力与离心力之间的某种平衡形成了空间秩序。这其中任何一种力量发生改变，新的博弈就开始了。新平衡的产生造就了新的城市空间秩序，正如核心交易与衍生交易之间的博弈推动着空间秩序的形成一样。

自然界的发展有其规律，交易的发展不仅有其规律更有其秩序。无秩序的交易无法长久地维持下去，更无法推进生产力的进步与社会的发展。城市核心交易的主体理应是推动城市发展和扩张的原动力，衍生交易反映为核心交易的正外部性和聚集形式。如果衍生交易产生一定程度的负外部性，并凌驾于正外部性之上，核心交易主体将会随之而易位，旧的秩序土崩瓦解，新的交易主体与新的秩序出现并随之取代原来的交易主体和秩序。运用哈丁提出的"公地悲剧"的理论模型可证明，未受规范的公共资源将会因个人在复杂的社会环境中的行为，导致公共资源恶化、枯竭的悲剧。最终，原有的空间秩序不复存在，新的空间秩序随着新的核心交易形式的产生而确立。可见，核心交易与衍生交易直接推动、影响着城市空间秩序的形成与演化，是推动城市空间秩序生成的根本动因。

4. 统一和谐：生态城市空间秩序演化的基本规律

生态文明是人类在可持续发展理念下不断实践与探索形成的，是人类认识自然、改造自然的进步状态和社会成果。它标志着自然生态领域与人文生态领域呈现出一种积极、进步的正面效应；是人与自然、社会和谐发展的高度统一。虽然城市空间始终是交易活动不断汇集与不断博弈的场所，但它更是一个饱含着城市文化记忆、历史叙事和个性气质的文化场域，始终与人、权力和资本等因素联系在一起。简而言之，交易活动在激发了人们对城市满怀期待的同时，也激发了人们对理想空间秩序的追求。传统的"自发的社会秩序"已远远不能适应当代社会发展的现实需求，超越"自发的社会秩序"之上的共同秩序则成为社会的主流意识。

总而言之，生态城市空间秩序的形成与演化规律，首先应顺从自然规律，其次应满足实际生活需求，最后应遵循人文伦理的演化规律。美国学者简·雅各布斯认为，城市空间在形成与演化的过程中，非但没有脱离自然的约束范畴，反而成为自然的一个有机组成部分。城市空间应将人与自然联系在一起，形成有效的城市空间秩序，以方便其持续不断地为城市发展而服务。由于城市空间秩序处于不断调整、不断转变和不断发展的动态过程中，当其中任何一个层面发生改变时，整体空间秩序也会随之而自我调整，从而形成新的秩序、新的平衡，这就是城市空间秩序演化的核心规律与基本路径。因此，整体的和谐统一应为城市空间秩序演化的基本规律，和谐空间是城市空间秩序所追寻的基本目标。

秩序或显性或隐性地存在于世间万物中，却拥有自身的发展规律和规则。城市空间与世间万物一样，不可能独立存在，而是始终与社会环境以及人类的各种交往活动紧密联系在一起。空间是事物的载体，而事物的存在又形成了特定的空间，事物的大小、规模、形态与意义，决定了空间的大小、规模、形态与意义，而空间秩序也正是由这些事物之间有序的组织关系产生的；反过来，空间秩序也决定了城市的发展与未来。从系统论的角度出发，城市空间秩序是城市治理中必要且重要的环节。城市构建是一个庞大且复杂的整体系统，必须从整体的角度对系统内各组成要素进行审视与掌控，才能针对城市这个巨大的系统建立使之有条理、有组织、有顺序、不混乱的运行规则，这正是城市空间秩序。可见，理想的空间秩序是推动城市发展的重要推手，是生态文明建设实施的有效路径，"实然"与"应然"的城市空间秩序更是今后学界研究与讨论的热点。

（三）"以人为本"的合目的性与合规律性的统一建构

城市空间是人类栖息的空间，更是人类发展的空间。如上所述，"以人为本"是城市空间建构的核心指导理念。城市空间是"以人为本"的合目的性与合规律性的统一建构。

1. "以人为本"体现着生态城市空间建构的合目的性

事物的成功与否往往取决于其目的性是否明确，以及其能否充分调动并发挥人类的主观能动性与目的驱使性。合目的性能让人类焕发强大的精神动力，以促进目标的实现，更赋予人类前进的动力。合目的性不仅需要目标具有有效性，更需要有实现这一目标的有效计划，以确保目标的可达成性。可以想象，如果活动缺失了其发展的目的性，盲目、无序的运动将使人类脱离预期、脱离理想状态。这不仅极大地阻碍了社会与人类的发展进程，更使人类对美好生活的追求变成了虚幻的泡沫，城市空间也就丧失了其存在的意义。

人的活动赋予了空间存在的意义。生态城市空间的建构不应被"物"的发展所主导，虽然经济发展是城市发展的主体，但并不是全部。经济发展的目的是更好地为人民服务，这一主旨应是城市发展始终坚持的理念。人是城市发展的原动力，城市空间的建构理应促进人的发展，以达到空间发展的目的。这不仅符合人的全面发展理论，更符合人类发展的根本利益。人的全面自由发展、城市的长久可持续发展与人类对共产主义的追寻是城市空间建构的三重含义，而这一切均蕴含着"以人为本"的人本思想。

2. "以人为本"体现着生态城市空间建构的合规律性

规律是物质之间的必然联系，规律中蕴含着事物的发展状态。目的给予人类目标的指引，规律却是实现目的的必要途径。只有真正地把握事物的规律性，才能达到目的。城市空间规律可基本划分为两个方面：一方面，是城市空间的物质规律，又可称为自然规律。例如，土地的自然资源、空间的区域位置、气候的自然条件等，都属于城市空间的物质规律。自然界的物质资源是不以任何人的意志为改变的客观规律，我们称之为自然规律。另一方面，是城市空间的社会规律。社会规律是以人与社会发展为基础，以人的意识与历史阶段性为引导而形成的。城市空间的社会规律，可以理解为不同历史阶段人的不同意识所形成的社会规律，它同时也被客观的自然规律与自然条件所约束。

城市空间的社会规律具体可理解为社会的主导思想对城市空间的影响，比如在我国传统思想影响下的中枢空间布局、美国自由主义思想影响下动态分散式的城市空间布局等。这些均代表着人的意识对城市空间布局的影响。

3. 生态城市空间建构既具有目的性，又具有规律性

目的性引导着人类努力实践，人类努力实践的过程中又蕴含着规律性，而规律性助力实践的成功。由此可见，合目的性与合规律性之间存在着极强的不可分离性与辩证统一性。城市空间是人造的空间，所以"以人为本"的合目的性与合规律性的统一建构，便成为城市可持续发展的永恒主题。

第三节 生态城市构建的动力机制

一、传统城市建设的动力因素

所谓传统城市建设的动力机制，就是指政府和居民等城市建设主体推进农村向城市转型和城市建设的动力源及其作用机理、过程和功能。动力源主要包括两个方面：一是内在动力，即城市建设的推力系统；二是外在动力，即城市建设的拉力系统。推力系统和拉力系统通过激励和约束共同作用，推动城市建设。

回顾中国城市化建设的发展历程，尽管影响城市建设的因素随着时代的变化经常发生一些变化，但总的概括来说，其动力机制中推力系统是由经济推动力、人口能动力构成；拉力系统主要是由政府行政力、科技支撑力、制度调控力共同组成。

（一）传统城市建设的经济推动力

1. 工业化的推动

许多国家的城市化历史表明，城市化是随着工业化的发展而快速发展，工业化是城市化的"发动机"。狭义的工业化强调的是要素的聚集，而资金、人力、资源和技术等生产要素在有限空间上的高度组合必然推动城市（镇）的形成和发展；广义的工业化指的是"发展"或"现代化"，它除了产业（尤其是工业）的空间聚集，还涉及产业结构的调整和演进、人民物质文化生活水平的提高等，这

一切又都改变着城市的形态、速率和规模，进而影响城市化的发展过程。研究结果表明，工业化的起步期，国民经济实力相对较低，城市化率以平缓的态势上升；在工业化的扩张期，工业和国民经济进入加速发展，实力迅速增强的时期，城市化率以较快的速度向上攀升（工业化和城市化协调发展研究课题组）。改革开放前后的城市化过程，强有力地说明了这一点。

2. 第三产业的发展

现代城市化的过程就是第二和第三产业聚集行为所进行的过程，而只有发生在第一、二产业之外的第三产业才明显创造新的就业机会，从而吸收外来劳动力，加快城市化人口的增长。在现代条件下，随着整个社会生产流通容量的加大，市场交换频率的加快必然促使企业对城市的生产性服务业提出新的要求。同时，城市居民由于收入的增加、生活水平的提高，对消费性服务业也提出了新的要求。此外，随着世界经济的国际化，跨国公司资本向发展中国家的输出，以及由制造业的国际扩散所带来的服务业的国际扩散，全球金融网络的出现等，都加速了城市第三产业的发展。第三产业的迅猛发展又赋予城市新的活力，使城市化进入更高层次。近年来，在中国特大城市和沿海发达地区的城市中，随着工业化后期特征的显现，第三产业开始成为城市化的后续动力。

3. 比较利益的驱动

主要表现在两方面：一方面，从产业间的比较利益而言，农业相对于二、三产业是一种比较利益较低的弱质产业。在非农业部门外在拉力和农业部门内在推力的双重作用下，农业内部的资本、劳动力等生产要素必然流向非农业部门。著名的配第-克拉克法则描述了随着经济发展，在比较利益驱动之下，劳动力在三次产业之间的转移。在实践过程中，伴随着各种生产要素由分散到集中、由农村向城市（镇）的转移，产业结构也表现为由农业向非农业、由传统产业向现代产业、由劳动密集型产业向知识技术密集型产业的转换，这一过程与城市化的推进过程紧密相连。同时，随着城市第三产业的大力发展，城市化必将进一步在比较利益的驱动之下表现出加速趋势。另一方面，城乡之间的比较利益而言，城市在二、三产业大力发展所带来的规模经济效益和聚集经济效益的作用下，必将表现出巨大的利益吸引拉力；而农村相对贫困的加剧和大量剩余劳动力的存在所形成的巨大推力,这种城乡之间的相互作用必然导致各种要素聚向城市,它是城市化发展的基本动力。

(二) 传统城市建设政府的行政力

中国城市化的进程表明,政府行政手段是推动中国城市化的重要力量,对城市化进程有较大影响的行政手段主要有:

1. 户籍管理制度

户籍管理制度是国家有关机关依法收集、确认、登记有关公民年龄、身份、住址等公民人口基本信息的法律制度,是国家对人口实行有效管理的一种必要手段。自《中华人民共和国户口登记条例》颁布后,国家又先后颁布了一系列配套措施,形成了中国计划经济模式下一套较完整的户籍管理制度。这种户籍管理制度从某种意义上已经演变为一种身份制度,它将农村和城市人口人为地分割为性质不同的农业人口与非农业人口,国家对这两种人的就业、教育、医疗、住房、社会保障等实行有差别的社会福利待遇,客观地造成农村人口与城市人口两个不同身份阶层。在这种制度下的中国户籍管理机关不仅进行户口登记,更重要的有限制户口迁移审批权。政府通过户口迁移制度、粮油供应制度、劳动用工制度、社会福利制度、教育制度等,造成了城乡人口的隔绝,严格地限制了农村人口向城市和非农产业转移,城市化原生机制中的城市的"拉力"和农村的"推力"未能充分体现和有机结合。

2. 行政区划调整

行政区是设有国家政权机关的各级地区。近几年来,中国行政区划调整变更事项主要包括大中城市的市辖区调整、撤地设市、政府驻地迁移、政区更名等内容,其中,市辖区调整和撤地设市事项占了90%以上。科学、合理地调整行政区划,不仅有利于扩大经济发展的空间,促进产业结构合理化,加快城市化进程,而且也有利于政府机构改革,提高政府管理效率。但是,由于中国行政区划调整又是与行政级别的变动密切相关的,因此,在调整行政区划中往往导致盲目行为和主观随意性,这也会造成经济破坏、扭曲城市化水平和城市化进程。如在大城市市区行政区划以及副省级市的撤县设区调整中,由于有这方面的利益驱动,确有个别地方追求机构升格、干部升级的问题。20世纪80年代以来，中国的不少地方都是通过县改市和乡改镇等手段提高了城市化水平。

3. 政府投资

从本质上讲，城市是便于人们从事生产、经营和生活的公共产品。城市基础设施和市政公用事业，具有极大的外部经济性，必须以政府投资为主。因此，政府投资对城市化进程有着重大的影响。按照福建有关城市化模型测算，基础设施投资与城市化率存在着密切的正相关关系，一般说来，基础设施投资每增加1个百分点，城市化率将增加1.156个百分点。但考虑到近年来，中国城市基础设施投资各项资金来源的结构已发生明显的变化，政府财政资金投入逐年减少，目前大约只占35%，而社会及外资投入资金不断上升，大约占65%。因此，政府的城市基础设施投资每增加1个百分点，城市化率将增加0.405个百分点。

（三）传统城市建设科技的推动力

科技对社会生产力发展有着重要的影响，而城市化离不开生产力水平的提高。因而，科技严重影响着一个国家和地区的城市化进程。如最初的产业革命和城市化发展就是由蒸汽机的发明而引发的；相应技术的出现、汽车工业的发展又导致了"城市郊区化"和"城市密集带"的出现；计算机的应用和普及则大大地强化了城市的服务功能，推动着整个城市化的过程。

随着科技的发展，其在经济生活、社会生活中的作用日益加大，深刻地促进产业集聚及产业结构的转换，影响城市化进程，可以说技术进步是城市化发展的原动力。先进的农业技术推动人口向城市转移；蒸汽机的发明，导致了产业革命的产生和城市化的飞速发展；而以汽车为代表的便捷的运输技术则对城市郊区化和城市密集带的出现，起着推波助澜的作用；发达的通信技术、计算机的应用则强化了城市的服务功能，加快了城市化的步伐。据统计，发达国家科学技术对城市经济增长的贡献，20世纪初为5%~20%，中叶为50%~60%，到20世纪90年代为60%~80%，科技进步对城市经济增长的贡献已明显地超过资本和劳动力。这一切都说明科技进步对城市化具有深厚的影响力和推动力。中国改革开放以来沿海地区城市化步伐的加快，也正是通过开辟经济特区和经济技术开发区，积极引进外资和新技术而实现的,这都反映了技术因素对城市化过程深厚的影响力和推动力。

(四) 传统城市建设的人口能动力

人口是城市化过程中最为能动的因素,它往往跟经济、制度、政策等因素交互作用推动城市化进程。配第-克拉克法则和刘易斯的人口流动模型就分别反映了劳动力在不同产业之间的转移和农业剩余劳动力向城市工业部门的流动,这一过程即伴随着工业化和城市化过程。城市内部的人口自然增长、农村-城市人口净迁移而产生的人口机械增长和城市行政地域的扩大或其划分标准的变更是城市化赖以实现的人口增长的主要来源。

中国的城市化进程在起步阶段,由于经济的发展及相应的政策影响,国家对农村向城市(镇)的人口迁移未加限制,之后由于工业的大力发展,城市和城市人口的增加非常迅速。动荡阶段的城市化过程伴随着人口的大增和大减,表现出"大起"和"大落"的特征。改革开放以来中国的城市化进入到发展阶段,此时,乡村人口推力-城市人口拉力机制作用下的乡村人口迁移成为实现人口城市化的基本途径。在城乡经济体制改革的过程中,由于农业剩余劳动力的出现和城乡关系的变化使农民向城市尤其是大中城市集中,这种"离土又离乡"的迁移使其成为滞留在城市中心区或城乡接合部的流动人口群体。而且,虽然这部分人无城市户口,但是他们流入城市后从事着非农产业,因而导致了城市化实际水平的提高和城市化进程的加快。

除了这种推拉力作用之下人口向大中城市的流动之外,改革开放以后中国农业剩余劳动力的转移还表现出"离土不离乡"的模式,即通过在农村大力发展乡镇企业而就地解决和吸纳大量的农业剩余人口,这也就是我们常说的农村工业化和农村城市(镇)化,从而使中国的城市化表现出新的特点。迄今为止,中国已有1.2亿多农业人口顺利地转向乡镇企业和小城市。但有学者认为,这种就地转移只是一种过渡转移,农业人口的职业转换最终导致空间迁移,分散的非农化应导致集中的城市化。

此外,人口的文化素质、思想意识和劳动技能等方面也会对城市化过程产生推动，一方面，是随着人们生活水平的逐渐提高和价值观念的不断变化，其居住区表现出向郊区迁移的趋势，从而对城市化过程产生重要的影响；另一方面，劳动力的素质、观念、技能等又会影响区域经济的发展，进而影响其城市化过程。

总之，人口因素是城市化进程的又一显著动力。相关研究也表明，城乡人口迁移骤升骤降的波动性，使城市化水平也出现相似的走向和趋势。迄今为止，迁入城市的1.5亿多农村人口中大多数发生了居住地类型的变化和职业转变；改革开放以来人口的快速迁移，也推动了中国城市化进程的加速。

（五）传统城市建设制度的调控力

新制度经济学认为，现实的人是在由现实的制度所赋予的制度约束中从事社会经济活动的，土地、劳动和资本等要素是在有了制度时才得以发挥功能的。制度因素是经济发展的关键，有效率的制度安排能够促进经济的增长和发展。城市化作为伴随社会经济增长和结构变迁而出现的社会现象与制度因素密切相关，这一过程描述了人类社会经济活动组织及其生存社区在制度安排上由传统的制度安排（村庄）向新型的制度安排（城市）的转变。制度因素直接或间接地影响着不同地区或同一地区不同时期劳动力、资本及其他各种经济要素在不同空间地域上的流动与重组。

从中国的城市化进程分析，中华人民共和国成立后至改革开放前实行的是自上而下的城市化制度安排，即在计划经济体制下，政府是城市化及其基础——工业化的主体。一方面，政府采取强有力的方式从农业中积累城市化、工业化初始阶段的建设资金；另一方面，政府通过各种强有力的措施限制农村人口向城市流动。如中国政府用改变设市和建设镇的标准、实行不同的工业化方式、精简城市居民、动员居民下乡充实农业第一线等行政措施来调节城市化，也通过户口、就业、商品粮、住房等管制政策来限制城市人口的过度膨胀。这一时期，中国工业化水平有了很大的提高，但城市化进程却极为缓慢，甚至出现了逆城市化现象，城市化水平相对于工业化水平明显滞后。

随着家庭承包责任制的推行，农业剩余劳动力和农业剩余产品大量地流向非农产业。之后，随着中国市场经济体制的逐步发展，中国由自上而下的城市化制度安排转变为国家宏观调控下的自下而上的城市化制度安排,大大地促进了城市化,尤其是农村城市(镇)化的进程。如这一时期所实行的"市管县"、设市及设镇标准的调整和大量的撤县设市导致城市数量,尤其是小城市(镇)数量急剧增加,城市总人口提高,城市化速度加快。与此同时,相应的制度变迁和创新,如经济要素流动创新、农地制度创新、民营工商业制度创新、城市建设投资制度创新及其他涉及户籍制度、城市居民补贴政策、居住、择业、保险、子女就学等多方面的制度创新,都充分显示出制度因素对城市化的推动和促进作用。

二、生态城市建设的全新动力机制分析

生态城市是一个组成系统众多、结构复杂、运行复杂的系统组合,其追求的就是在一定约束条件下系统组成因子的整体最优,而并不是各个系统的最优。生态城市建设是当今世界各国共同的追求,目前,在世界范围内已经掀起了轰轰烈烈的建设实践,但还没有成功的范例,仍在不停地探索中。生态城市的建设是城市发展的一次革命,在城市政治、经济、文化、社会、环境等领域都要创新,是一种系统的创新活动,也是21世纪最宏大的创新工程。

(一) 生态城市建设的含义

传统城市建设模式是建立在以工业文明时代的价值观念和技术进步的基础上,是人们针对工业文明发展带来的各种城市问题的被动的反应,是一种短期的、片面的发展模式;生态城市建设模式是建立在以人为本的理念上,在生态文明与生态价值观的指导下,对人们追求和主动实现活动,是一种长期的、可持续的发展模式。具体地讲,生态城市建设模式区别于传统城市建设模式主要体现在:

1. 建设理念上,由自生走向共生

传统城市建设是一种被动的发展,是一种自我的发展,当城市发展过程中出现诸如:环境恶化、经济增长方式粗放、浪费严重、贫富差距加大等问题时,才会被动地应对和解决这些问题,但解决方式又是片面的"头痛医头、脚痛医脚"式的解决,不是全面地促进经济、社会、环境、政治、文化等系统的协调发展;

生态城市建设是对物质层面上的生态经济系统和生态政治系统、生态文化系统进行有机更新，又要建设合乎生态学理论的社会生态系统和自然生态系统，在城市中人与自然、人与人以及各个子系统之间建立一种互相平等、和谐共生的关系。使生态城市的各组成系统沿着共同进化的路径运行，实现共同激活、共同适应、共同发展的合作与协调关系，是一种共生发展模式。

2. 人与自然的关系上，由疯狂掠夺走向和谐均衡

传统城市建设中种种问题的出现，导致经济、社会、环境、政治、文化等系统的不协调发展，限制了城市的继续发展，主要是由于自然界内在和谐受到了严重损害，人类不尊重自然规律，疯狂掠夺自然资源，破坏自然环境造成的。生态城市建设是建立在生态与经济并重，人与自然、人与人协调发展的理论上，不断地提高自然界的内在和谐和与人类的和谐。

3. 系统观上，由局部走向整体

传统的城市建设主要追求GDP，强调经济的增长，忽视了城市社会、政治、文化、环境的发展，也导致了生态环境的破坏与资源的枯竭，是局部的发展，一种短期的发展；生态城市建设强调整体的发展，包括对区域内的社会、经济、环境、政治、文化等方面的综合全面的把握与平衡。在城市的整个建设发展过程中，社会的全面进步是发展的根本目标，经济增长与效益的提高是发展的途径和手段；政治民主、文化创新是发展的保证；自然环境是促进整体发展的基础。

4. 实现目标上，由单目标走向多目标

传统城市建设中往往是单一目标，而且呈现出阶段性和短期性，经济发展落后时，追求经济增长，环境质量变差时，改善环境质量，社会问题突出时，进行社会综合治理，从发展历程来看，追求经济的发展是其较长期的目标。我们知道不同的目标之间常常是相互冲突的，片面地追求经济增长目标或环境质量目标，必然要以牺牲其他利益为代价，追求社会的和谐和环境的改善势必会影响经济的增长。生态城市建设要改变这种单一目标的格局，要实现政治民主、经济高效、社会和谐、环境优美和文化创新等整体的发展，是一种可持续发展。

（二）生态城市建设的动力机制机理

生态城市建设是不同于传统城市建设的，它是一个更高层次的城市建设，追求政治、经济、社会、文化、环境五位一体的全面、均衡和可持续发展。系统论原理指出，任何系统的良好运行和发展演进，都必须获得足够的动力和科学的动力机制。因此，推进生态城市的顺利建设，必须找准并切实解决其动力和动力机制问题。

生态城市建设动力机制是指政府、组织和居民等建设主体建设生态城市的动力源及其作用机理、作用过程和功能。动力源是推进生态城市建设的推动力，包括内在动力源和外在动力源。其中，内在动力源包括追求生态城市的目标及探索生态城市建设道路两方面的内容。外在动力源包括环境承载力、资源压力等约束力；文明进化、可持续发展要求等驱动力；国家发展战略导向、政策支持、法治保障等政策力；生态技术创新支撑力及国内外生态城市建设成果的吸引力。

生态城市建设动力机制的作用机理就是在内外动力源的作用下，建设主体按照市场规律调节自己的行为，推动政治生态化、经济生态化、社会生态化、文化生态化和环境生态化，建设"五位一体"的稳定、均衡、可持续发展的生态城市。

（三）生态城市建设的动力机制模型

根据生态城市建设动力机制机理的分析，可以看出内外动力源以及各种作用因素在对生态城市建设产生影响的过程中，不是孤立的，而是相互联系、相互影响的。一方面，只有内在动力和外在动力源的共同、协调作用，人类的生态城市才能实现；另一方面，在不同的时期、不同的地区，内在动力源和外在动力源对生态城市建设中所起的作用也不相同，对其影响也不同，在生态城市建设的初期，人们建设生态城市的要求非常迫切，热情相当的高涨，内在动力源可能会产生相当大的作用，而政府的政策力将是推进生态城市建设的第一外在动力，是具有决定性的。因此，生态城市建设的动力机制可以用图解的方式来概括。

生态城市建设动力机制模型主要内涵包括以下三个方面。

第一，不同主体实现各自的利益目标是生态城市建设的内在动力机制。对于政府来说，在当前形势下，指导生态城市的建设是政府不可推卸的职责，当前在面临环境恶化、资源短缺、生态危机的现实面前，城市建设的压力相当大，转型发展，探索新的发展模式是非常迫切的，同时，生态城市建设也为政府职能转变、考评体系的建设、工作作风转变、公共职能完善等提供了良好的发展机遇。因此，政府对生态城市建设的积极性是相当高的，愿望非常强烈；对于组织来讲，各类企业、各级中介组织是生态城市建设的主力军，生态效益、政治效益和经济效益是其追求的目标，在生态城市建设的过程中，他们可能得到满足，同时生态城市良好的环境也为其发展提供了更好的平台；对于居民来讲，建设生态城市改善自己的生存环境，包括政治、经济、社会、文化和自然环境，提高自己的幸福指数。因此，在生态城市建设中各主体为达到自己的目标，就会创造出积极的动力与激情。

第二，在成果吸引力（AP）、政策力（PP）、驱动力（DP）、约束力（SA）、支撑力（SP）五个外在动力机制因素中，可分为两类，一类是推力，另一类是拉力，在推力和拉力的共同作用下，生态城市建设就会实现，其中：

成果吸引力是一种典型的拉力作用，是生态城市建设最直接、最明显的诱因，是生态城市建设的模板，是生态城市建设的主要动力之一。成果的经验与教训为后续的生态城市建设节省了时间，避免了走弯路，同时为生态城市的创新提供了思路。

约束力 SA 起着推力的作用，由于资源短缺、环境恶化，使得城市建设必须改变原有的模式，探索和寻找新的发展模式。否则，城市建设进入恶性循环，对企业来讲生产成本、环境成本不断上升，压缩了企业的利润空间；对居民来讲，无法生存环境；对政府来讲，无法向上和向下交代。而生态城市的建设一方面，要解决资源短缺、环境恶化、生态危机的现状；另一方面，要求我们要利用最少的资源，创造最大的效益，要培养成本意识，强调成本。

支撑力（SP）是生态城市建设的催化剂、加速器，知识与技术的进步与创新总是围绕着生态城市建设的需求进行，总是在发现并创造适合它应用的需求，不断产生的新需求也总是能在不久之后找到技术支撑，技术和需求在生态城市建设的过程中总是居于活跃的领导地位。

政策力（PP）作用主要是激励作用，这种激励作用分为正向激励和负向激励两种，正向激励就是政府运用财政补贴、优惠贷款、物价补贴、财政贴息等财政金融政策，引导建设主体走生态化道路；负向激励就是政府对造成环境污染、生态破坏等行为采取征税等手段将环境污染导致的外部成本内部化，鼓励生态化的经营与发展。

随着人类文明的进步、观念的更新、思维的开拓，人们主动要求改变现状的愿望将越来越强烈，在行动上就会得到体现，客观上推动了生态城市建设。

第三，在不同时期这些动力源对生态城市建设的作用也不相同，比如，现阶段中国生态城市建设的利益驱动机制依然不明显，市场需求的拉动作用在逐渐增强但依然不够，更多的是依靠政府行政力、政策力的推动及激励作用促进生态城市建设。因此，必须根据生态城市建设的动力机制模型的内在要求，积极主动地采取相应的对策，从内外两方面调动生态城市建设的积极性，加快其建设的步伐。

第四节　生态城市构建的关键技术

在全球应对气候变化的大背景下，发展低碳经济已成为世界经济社会变革的潮流，更是中国在可持续发展框架下应对全球气候变化的必由之路。发展低碳经济的核心是大幅度提高碳生产率（国内生产总值与碳排放量的比值），而转变经济发展方式、提高能效、发展低碳能源技术是提高碳生产率的主要途径。

一、生态城市建设的风力发电技术

风能是非常重要并储量巨大的能源，它安全、清洁、充足，能提供源源不绝、稳定的能源。目前，利用风力发电已成为风能利用的主要形式，受到世界各国的高度重视，而且发展速度最快。

风力发电有三种运行方式：一是独立运行方式，通常是一台小型风力发电机向一户或几户提供电力，它用蓄电池蓄能，以保证无风时的用电；二是风力发电与其他发电方式（如柴油机发电）相结合，向一个单位、一个村庄或一个海岛供电；三是风力发电并入常规电网运行，向大电网提供电力，常常是一处风电场安装几十台甚至几百台风力发电机，这是风力发电的主要发展方向。

风力发电系统中两个主要部件是风力机和发电机。风力机着重发展变桨距调节技术、发电机则在变速恒频发电技术上不断创新。这是风力发电技术发展的趋势，也是当今风力发电的核心技术。

二、生态城市建设的建筑新能源技术

在建筑中积极利用新能源，能够很好地减少建筑的能耗。通常，建筑使用的新能源技术包括太阳能、地热能、风能等。同时，这些新能源技术有的可以直接应用到建筑建造中，有的则需要结合多个建筑进行应用，以便形成片区中局部新能源系统。这些新能源技术通常有以下几个方面。

(一) 太阳能制冷

太阳能制冷的方法有多种，如压缩式制冷、蒸汽喷射式制冷、吸收式制冷等。压缩式制冷要求集热温度高，除采用真空管集热器或聚焦型集热器外，一般太阳能集热方式不易实现，所以造价较高；蒸汽喷射式制冷不仅要求集热温度高，一般说其制冷效率也很低，为 0.2%～0.3% 的热利用效率；吸收式制冷系统所需集热温度较低，70～90℃ 即可，使用平板式集热器也可满足其要求，而且热利用较好，制作容易，制冷效率可达 0.6～0.7℃，所以一般采用也多，但设备庞大，影响推广。

(二) 太阳能热水器

太阳能热水器是太阳能热利用中具有代表性的一种装置，它的用途广泛，形式多样。最常见的一种太阳能热水器是架在屋顶的平板热水器，常常是供洗澡用的。其实，在工业生产中以及采暖、干燥、养殖、泳池等许多方面也需要热水，都可利用太阳能。太阳能热水器按结构分类有闷晒式、管板式、聚光式、真空管式、热管式等几种。

(三) 太阳房

太阳房是利用太阳能采暖和降温的房子。人们的生活能耗中，用于采暖和降温的能源占有相当大的比重。特别对于气候寒冷或炎热的地区，采暖和降温的能耗就更大。太阳房既可采暖，又能降温，最简便的一种太阳房称为被动式太阳房，建造容易，不需要安装特殊的动力设备。比较复杂一点，使用方便舒适的另一种太阳房称为主动式太阳房。更为讲究高级的一种太阳房，则为空调制冷式太阳房。

(四) 太阳能热发电

太阳能热发电是太阳能热利用中的重要项目。太阳能热发电是利用集热器把太阳辐射能转变成热能，然后通过汽轮机、发电机来发电。根据集热的温度不同，太阳能热发电可分为高温热发电和低温热发电两大类。按太阳能采集方式划分，太阳能热发电站主要有塔式、槽式和盘式三类。

(五) 地热发电

地热发电是地热利用的最重要方式。高温地热流体应首先应用于发电。地热发电和火力发电的原理是一样的，都是利用蒸汽的热能在汽轮机中转变为机械能，然后带动发电机发电。所不同的是，地热发电不像火力发电那样要备有庞大的锅炉，也不需要消耗燃料，它所用的能源就是地热能。地热发电的过程，就是把地下热能首先转变为机械能，然后再把机械能转变为电能的过程。要利用地下热能，首先需要有"载热体"把地下的热能带到地面上来。目前，能够被地热电站利用的载热体，主要是地下的天然蒸汽和热水。按照载热体类型、温度、压力和其他特性的不同，可把地热发电的方式划分为蒸汽型地热发电和热水型地热发电两大类。

(六) 地热供暖

将地热能直接用于采暖、供热和供热水是仅次于地热发电的地热利用方式。

因为这种利用方式简单、经济性好，备受各国重视，特别是位于高寒地区的国家，其中数冰岛开发利用得最好。该国早在1928年就在首都雷克雅未克建成了世界上第一个地热供热系统，现今这一供热系统已发展得非常完善，每小时可从地下抽取7740吨80℃的热水，供全市11万居民使用。此外，利用地热给工厂供热，如用作干燥谷物和食品的热源，用作硅藻土生产、木材、造纸、制革、纺织、酿酒、制糖等生产过程的热源。目前，世界上最大两家地热应用工厂就是冰岛的硅藻土厂和新西兰的纸浆加工厂。中国利用地热供暖和供热水发展也非常迅速，在京津冀地区地热利用已成为较普遍的方式。在北京东南城区、小汤山和良乡地区地热资源早已经全面开发利用。

（七）风力致热

"风力致热"是将风能转换成热能。目前有三种转换方法。一是风力机发电，再将电能通过电阻丝发热，变成热能。虽然电能转换成热能的效率是100%，但风能转换成电能的效率却很低，因此从能量利用的角度看，这种方法是不可取的。二是由风力机将风能转换成空气压缩能，再转换成热能，即由风力机带动离心压缩机，对空气进行绝热压缩而放出热能。三是将风力机直接转换成热能。显然第三种方法致热效率最高。风力机直接转换热能也有多种方法。最简单的是搅拌液体致热，即风力机带动搅拌器转动，从而使液体（水或油）变热。"液体挤压致热"是用风力机带动液压泵，使液体加压后再从狭小的阻尼小孔中高速喷出而使工作液体加热。

三、生态城市建设的生物质能技术

在新能源中，生物质能源是未来重要的能源形式之一。据预测，到2050年，利用农、林业剩余物，以及种植和利用能源作物等生物质能源，有可能提供世界60%的电力和40%的燃料。生物质能是中国仅次于煤的第二大能源，占全部能源消耗总量的20%，发展生物质能源对中国这样的农业大国意义更为重大。

生物质能的原料主要是谷物、秸秆、劣质食用油、麻风树籽、薯类、甘蔗等及新培育的各种能源植物。这些原料在中国均为优势资源。通过大量开发种植作为生物质能源的植物,不仅可以提高荒漠土地的利用率,改善生态环境,还有利于农村产业结构调整,增加农民收入。中国约有 267 万平方千米的低质地,荒山荒坡、盐碱地、荒滩、沙地、滩涂等土地,可以用来种植高产能源作物。据测算,中国理论生物质能源资源约为 50 亿吨标准煤,是目前中国总能耗的 4 倍左右。

目前,生物质能源开发的方向主要有:利用含油脂的植物生产植物柴油;利用植物中的淀粉和糖生产乙醇;利用植物厌氧发酵生产沼气;利用植物高温受热分解生产可燃气体;利用机械方法把植物加工成固体燃料进行燃烧等。

生物质热化学转化主要有热解干馏、热解气化和热解液化三种。热解干馏技术可将木质生物质转化为炭、燃气和多种化学品。但缺点是利用率较低,原料适应性不强。热解气化可将生物质主要转化为可燃气体,既可用作生活煤气,也可用作制作氢或合成气的原料,还可以通过锅炉或内燃机等转化为热能或电能。热解液化是在中温闪速加热条件下使生物质迅速热解,然后对热解产物迅速冷凝获得一种称为生物油的初级液体燃料,提制后可替代柴油、汽油用于内燃机。

四、生态城市建设可再生能源分布式的发电技术

分布式发电(DG)是相对于传统的集中式供电方式而言,通常指发电功率在数千瓦至 50 千瓦,小型模块化且分散布置在用户附近的高效、可靠的发电技术。分布式发电分为两类:一类是利用不可再生能源的分布式发电,主要是采用化石燃料作为能源如煤电等,这类发电方式通常会产生较多的二氧化碳和二氧化硫等废弃物。另一类则是利用可再生能源的分布式发电,它包括风力发电、生物质发电、垃圾废弃物发电、地热发电、太阳能发电等。在低碳生态城市中,应当积极发展可再生能源分布式发电技术。

(一) 可再生能源分布式发电的优点

1. 与大电网优势互补、灵活可靠

将分布式发电应用于传统的电力系统,既可以满足电力系统和用户的特定要求,又可以提高系统的灵活性、可靠性和经济性。随着一些大的停电事故的发

生，小容量、低成本的可再生能源分布式发电受到了广泛的重视。由于分布式发电系统是相互独立的，当大电网发生故障时，分布式发电可以避免一些灾难性后果的发生，保证其用户的供电不受影响。

2. 资源节约、环境友好

利用可再生能源发电可以缓解枯竭性化石能源的大量消耗，有利于控制和修复环境污染、减排温室气体，用化石能源每发电 1 度，就要向自然界排放 2 千克左右的二氧化碳，如果用可再生能源代替化石能源则每发电 1 度，就能减少等量的二氧化碳排放。中国的可再生能源呈区域性分布特征，吉林、青岛、山东等地的风能，包头的地热资源以及各地的城市生活垃圾、生物质能等，这些都适用于建立分散式的、靠近终端用户的发电系统。

（二）主要电源技术

可再生能源分布式发电中主要电源技术包括太阳能发电的光伏电池技术、燃料电池技术、风力发电技术和生物质发电技术等。

1. 燃料电池技术

燃料电池的工作原理是富含氢的燃料（如天然气、甲醇）与空气中的氧气结合生成水，氢氧离子的定向移动在外电路形成电流，通过电化学的过程将燃料的化学能转化为电能。通常，燃料电池发电设备主要由三部分组成：燃料处理部分、电池反应堆部分、电力电子换流控制部分。作为小规模联供技术的原动机，燃料电池是一种高效、洁净的发电装置，非常适合于做分布式电源。该技术主要应用于单体建筑或居住区内的能源系统，主要与大电网形成联合供应系统，满足日常生活中冷热能源需求。

2. 风力发电技术

风力发电机组从能量转换角度分成两部分：风力机和发电机。风速作用在风力机的叶片上产生转矩，该转矩驱动轮毂转动，通过齿轮箱高速轴、刹车盘和联轴器再与异步发电机转子相连，从而发电运行。风力发电形式可分为离网型和并网型。并网型风力发电是大规模开发风电的主要形式，也是近几年来风电发展的主要趋势。在风力资源较丰富的地区应当积极运用风力发电，并尽量采用并网型形式。

3. 光伏电池技术

光伏电池是将可再生的太阳能转化成电能的一种电装置。虽然光伏电池与常规发电相比有技术条件的限制，如投资成本高、系统运行的随机性等，但由于它利用的是可再生的太阳能，因此其前景依然被看好。在城市建设中，应当在太阳日照充足地区积极利用屋顶布置太阳能发电设备，这样就可以根据建筑分布的区域形成独立的发电系统，从而减少大电网的供电量，促进可再生能源的利用。

4. 生物质发电技术

生物质发电是首先将生物质转化为可驱动发电机的能量形式（如燃气、燃油、酒精等），再按照通用的发电技术发电。以生物质发电技术为电源的分布式发电系统更加适用于生物质丰富的地区，比如农村地区、郊野公园等。在这些地区，可以积极通过该技术进行分布式发电的应用。

（三）分布式发电系统中的储能技术

1. 飞轮储能技术

飞轮储能技术是一种机械储能方式，利用高速旋转的飞轮来储存能量。由于飞轮材料和轴承问题等关键技术一直没有解决而停滞不前，20世纪90年代以来，由于高强度的碳纤维材料、低损耗磁悬浮轴承、电力电子学三方面技术的发展，飞轮储能器才得以重提，并且得到了快速的发展。

2. 超导储能技术

超导储能系统利用由超导线制成的线圈，将电网供电励磁产生的磁场能量储存起来，在需要时再将储存的能量送回电网或作他用。

3. 蓄电池储能技术

蓄电池储能系统由电池、直交逆变器、控制装置和辅助设备（安全、环境保护设备）等组成，目前在小型分布式发电中应用最为广泛。根据所使用化学物质的不同，蓄电池可以分为铅酸电池、镍镉电池、镍氢电池、锂离子电池等。

4. 超级容器储能技术

超级电容器使用特殊材料制作电极和电解质，这种电容器的存储容量是普通电容器的 20~1000 倍，同时又保持了传统电容器释放能量速度快的特点。根据储能原理的不同，可以把超级电容器分为两类：双电层电容器和电化学电容器。

（四）分布式发电的并网技术

可再生能源的分布式发电要并入城市的大电网才能够更好地发挥作用。目前，微网技术是分布式发电系统与大电网并网的技术之一。微网技术是集成多个分布式发电机（DG）和负荷的独立系统，提供电能和热能，其中大多数 DG 都是基于电力电子设备提供所要求的灵活性，以确保作为一个单独的集成系统运行。对于大电力系统来说这种控制的灵活性允许微网是一个单独的可控模块，以满足本地负荷的可靠性和安全性需要。

微网是一个独立的运行单元，对大电网不会产生大的影响，而且不需要修改大电网的运行策略；利用微网技术可以非常灵活地把 DG 接入或撤离大电网；微网可以孤立运行，从而大大提高了电网的可靠性。微网也可以并网运行。在并网运行时，微网和传统配电网类似，服从系统调度，可同时利用微网内 DG 发电和从大电网吸取电能，并能在自身电力充足时向大电网输送多余电能。当外界大电网出现故障停电或有电力质量问题时，微网可以通过能量管理单元控制主断路器切断与外界联系，实行孤立运行，此时微网内负荷全部由 DG 供电。当故障解除后，主断路器重新合上，微网重新恢复和主电网同步运行，以保证系统平稳恢复到并网运行状态。保证这两种运行模式无缝转换的关键是微网与电网之间的电力电子接口，这种接口可以使分布式电源实现即插即用，同时，可使微网作为一个独立的模块，以尽量减少分布式电源对电网的不利影响。

第三章　生态城市整体空间规划设计

第一节　城市空间与城市密度

一、紧缩城市与城市密度

城市空间结构、城市土地用地、城市密度与紧缩程度、城市交通模式是最紧密相关的一组概念，综合了这组概念的紧凑城市被认为是更加可持续的城市形式，可以产生更低的环境负荷，其包括资源消耗与污染排放两个方面。紧缩城市的直接含义是未来城市的发展应该紧靠现有的城市结构，以保护乡村地带。当紧缩城市的概念应用于现有的城市结构时，它的含义是控制现有城市的边界，以防止新的城市蔓延。在这层含义上，紧凑城市概念与"精明增长"有重叠的地方。

城市蔓延的特征是，低密度的郊区城市居住区、单一的土地利用结构、高速公路与私人小汽车主导的交通模式、沿高速公路分布的郊区带状商业设施、充斥着停车场的城区、衰落的城市中心区等。作为应对城市蔓延的策略，紧缩城市至少具有以下的优点：①密集型的城市形态有助于减少城市对周围生态环境的侵蚀，从而降低人类活动对自然环境的影响，有利于减少土地的消耗，保护乡村自然资源。②紧缩的城市结构有利于降低公共市政设施的成本，扩大市政设施的服务人群，譬如在紧缩的城市结构下，高效的地区供暖、热电联动供暖才可能实现。③紧凑城市可以减少通勤交通距离以及对私人机动交通的依赖，从而降低能源的消耗，降低温室气体的排放以及污染性气体的排放。④紧凑城市相对地提高了城市在空间密度、功能组合和物理形态上的紧凑程度，可以使得居民在空间距离上更加接近城市公共服务设施，如医院、学校、商店、娱乐设施等，从而有利于形成资源服务、基础设施的共享、减少重复建设对土地的占用、降低交通需求、降低城市运行的能源和资源成本，而且从社会学的角度来看，可以丰富居民的社会生活，促进居民之间的交往与互动。

紧缩城市的许多概念与其他一些规划设计的概念、思潮和实践有重叠的地方。如"新城市主义""新传统式发展""传统邻里开发""以轨道公交为核心的发展""步行小区""填充式开发""交通稳静化"等。

这些概念都是对城市蔓延式发展的回应，主要目的都是在社区、邻里或者街道的层面上，通过实体环境的规划设计措施来解决城市蔓延带来的问题，如低密度、单一土地功能，以及由此带来的对私人交通的依赖，后者造成交通堵塞、空气污染、能源耗竭等，邻里社区环境缺少场所感与人性化、个性化设计等。这些概念所包含的实体空间设计理念包括混合的土地使用、多样化、可持续的交通、城市密度等，这些理念之间相互联系、相互影响。

紧缩城市最重要的衡量指标是城市密度。通常，城市密度指的是城市的总人口数除以城市总面积，即城市的平均人口密度。人口数据是按照居住地进行分析和统计的，因此城市人口数据代表的是某地点或者某地方的常年居住人口密度。城市的人口密度往往会随着时间的变化而改变，包括外来人口的迁入、城市自身人口的自然增长、城市经济活动强度的发展等。因此，不同来源、不同时期的城市人口统计数据之间往往不能完全相符，甚至相互矛盾。另外，城市人口密度在空间上如果具有比较大的差异，当人口密度的分母，即城市面积发生变化时，人口密度的指标会有较大的变化，如城市中心区的人口密度与城市市域的人口密度会有比较大的差异，因此在阅读与引用城市的人口密度数据时，必须特别注意人口密度所对应的时间维度以及空间维度。

二、中国城市密度

中国城市统计出的城市人口密度数据会更加复杂一些。首先，中国的城市化率相对偏低（不到50%），在统计数据上，城市总面积包含主城区面积、郊县面积以及县乡以下的农村面积，因此基于城市总面积的城市人口密度显得偏低；其次，中国人口数据统计是基于户籍人口数据，而大量的流动人口不在户籍范围内，因此常常被忽略，当流动人口在城市人口中占据较大比重时，城市的人口数据会具有较大的弹性。

首先，人口密度在城市空间上的分布相对比较均匀，城市外围不存在大面积的低密度城区，这应该归功于中国的土地公有制，以及严格的土地管理制度，特别是对在集体所有制土地上进行城市建设的严格控制，使导致一些国家城市蔓延的必要条件——城市周边大量私人廉价土地的存在——在中国难以实现，从而从土地供给的角度控制了城市的低密度蔓延。

其次，中国城市的平均人口密度，包括现状的平均人口密度与预期规划的平均人口密度，相对欧洲、北美洲和澳洲城市的平均人口密度而言处在比较高的程度，而在亚洲的城市中处在中等的水平，并且随着中国城市化进程的深入，中国城市的人口密度实际上是在下降。

最后，中国城市的平均人口密度高于欧洲和北美洲发达国家的城市的平均人口密度，但是欧美一些城市的中心区人口密度却高于中国的城市中心区人口密度，如纽约、巴黎、巴塞罗那等。在就业人口密度的指标上，作为经济活动中心的国际大城市，如纽约，其市中心的就业人口密度远远高于常住人口密度。

三、城市密度影响因素

城市人口密度的合理值很难有一个统一的标准。城市的人口密度与下列因素相关。

城市的建筑密度以及人均建筑面积的需求。中国城市的用地类型可以分为10个大类：居住用地、公共设施用地、工业用地、仓储用地、对外交通用地、道路广场用地、市政公用设施用地、绿地、特殊用地、水域及其他用地。相应地，城市中的建筑类型根据功能可以分为居住建筑、公共建筑、工业建筑、仓储建筑、交通建筑、市政建筑、特殊建筑等类型，其中在城市建筑总量中占主导地位的是居住建筑与公共建筑。

城市的气候特征，如日照、通风、温度、湿度等。在中国的城市实践中，住宅建筑的日照间距要求，在很大程度上会影响城市的建筑密度，进而影响城市的人口密度。由于太阳高度角的不同，北方高纬度城市的住宅日照间距要大于南方低纬度城市的住宅日照间距，同时北方城市冬季寒冷的气候特征对日照需求的敏感性高于南方城市，因此从总体上来看，北方城市的空间密度要低于南方城市的空间密度。公共建筑的日照要求相对于住宅建筑而言比较宽松，但是从建筑物自身的室内外微观气候而言，日照与通风仍然是重要的影响要素。

在一个自由有效的土地和资本市场中，城市人口密度的空间变化与土地价格的空间变化一致，而土地价格受到交通可达性的影响，即受到居民通勤距离与时间的影响。丁成日认为，在自由有效的土地和资本市场中，城市的合理人口密度是由城市土地价格决定的，进而由房地产市场、城市规划法规以及基础设施能力共同确定。在很多情况下，应该提高城市基础设施的能力，以适应由于地价升高而带来的高密度需求，只有当提高基础设施能力比开发土地更为昂贵时，城市的密度才会下降，控制密度才有意义。

城市的土地政策、房地产市场发展状况。与城市经济活动强度紧密相关的是城市的土地政策，这与城市所在地区、国家的土地资源相关。在一个土地资源比较稀缺的国家，用于城市建设的土地供给必然受到限制，因此必然带来较高密度的城市建设。而土地政策本身，包括土地所有制、土地管理办法、土地开发权管理办法都会影响城市的密度。

文化传统、生活习惯、价值倾向等城市居民的主观因素。譬如北美洲、澳洲城市居民对郊区花园住宅的偏爱；欧洲居民对高密度城市生活的偏爱；亚洲居民对高密度城市生活的适应性，甚至居民对高密度城市生活的容忍程度等。

研究表明，城市的人口密度存在一个合理的值，但是这个值的大小与城市的经济发展强度、城市居民的文化心理、城市的地理与气候条件等要素相关。由于中国土地资源的稀缺，高密度的紧凑城市是中国城市发展的主导方向。城市的人口密度的限值与城市基础设施的水平相关，在城市这个人工环境里，城市的环境承载力更多地表现为城市基础设施的承载力，包括能源与资源供应能力，城市交通设施，特别是公共交通供给能力；城市污染控制与处理能力；城市公共设施，如医院、学校、商业设施的供给能力；城市建筑物能耗与资源消耗水平；城市的管理水平等。随着城市基础设施建设水平的提高，城市可以负担更高的人口密度。只有当基础设施的投资成本超过了土地高密度开发带来的效益时，城市的密度才达到临界值。城市的人口密度在空间上是不均衡分布的，并且与城市的就业人口密度紧密相关。城市人口密度与就业人口密度在空间分布上的不一致，是造成城市通勤交通的根本原因，并且直接影响到城市的土地利用模式、空间布局与空间结构，以及城市的交通结构系统。

第二节　城市空间与土地利用

一、土地利用优化基本原则

（一）科学规划，合理布局

城市空间与土地利用优化应以科学规划为基础，合理布局城市功能分区，统筹安排各项建设活动。要根据城市发展定位，综合考虑自然、经济、社会、文化等因素，编制科学合理的城市总体规划和土地利用总体规划，明确城市发展目标、空间结构、土地利用布局，为城市空间与土地利用优化提供指导。

（二）集约高效，节约用地

城市空间与土地利用优化应坚持集约高效，节约用地的原则。要充分利用现有土地资源，提高土地利用率，避免土地闲置浪费。要推广绿色建筑、海绵城市等节地技术，减少城市建设对土地的占用。要严控城市蔓延，保护耕地和生态用地，维护城市的可持续发展。

（三）功能复合，综合利用

城市空间与土地利用优化应注重功能复合，综合利用。要合理规划城市空间，将不同的功能有机融合，提高土地利用效率。要鼓励多功能建筑、复合型社区的发展，实现土地资源的集约利用。要充分挖掘城市地下空间潜力，开发地下空间资源，缓解城市地面空间紧张的矛盾。

（四）生态优先，绿色发展

城市空间与土地利用优化应坚持生态优先，绿色发展的原则。要统筹考虑城市发展与生态环境保护的关系，在城市建设中贯彻绿色发展理念。要加大绿化力度，建设生态城市和森林城市，改善城市空气质量，提升城市生态环境质量。要保护城市水体，建设水生态系统，打造水清岸绿、生态宜居的城市环境。

（五）统筹兼顾，协调发展

城市空间与土地利用优化应统筹兼顾，协调发展。要综合考虑经济、社会、生态等方面的因素，兼顾不同利益相关者的诉求，实现城市空间与土地利用的协调发展。要注重城市与周边地区空间统筹，合理配置土地资源，避免无序扩张和资源浪费。要加强城市与农村的统筹协调，促进城乡一体化发展，实现共同富裕。

（六）公共导向，以人为本

城市空间与土地利用优化应坚持公共导向，以人为本的原则。要以提高城市居民生活质量为目标，合理配置公共资源，建设宜居、舒适、便利的城市环境。要注重城市公共服务设施的建设，满足居民的基本生活需求。要保障城市居民的居住权，建设经济适用房，让每个居民都能拥有安全、舒适的住房。

（七）因地制宜，分类指导

城市空间与土地利用优化应因地制宜，分类指导。要根据不同城市的不同特点，制定不同的空间规划和土地利用政策。要考虑城市规模、地理条件、经济发展水平、历史文化传统等因素，因城施策，精准施策，实现城市空间与土地利用的优化配置。

二、城市空间结构与土地利用关系

城市空间结构与土地利用之间存在着密切的关系，相互影响、相互制约。城市空间结构是城市土地利用的载体，土地利用是城市空间结构的内容。城市空间结构的优化与调整，可以更好地发挥土地利用的效益，促进城市的可持续发展。而土地利用的合理布局，也有利于改善城市空间结构，提升城市环境质量。

（一）城市空间结构与土地利用的相互影响

1. 城市空间结构对土地利用的影响

城市空间结构是城市土地利用的先决条件。城市的空间布局、道路网络、公共设施等，都对土地利用产生直接的影响。城市空间结构合理，土地利用才能有序进行；城市空间结构不合理，土地利用就会混乱无序。

（1）城市空间结构对土地利用规模的影响

城市空间结构是城市土地利用规模的基础和前提。城市空间结构紧凑，土地利用规模就大；城市空间结构松散，土地利用规模就小。

（2）城市空间结构对土地利用方式的影响

城市空间结构不同，土地利用方式也不同。城市空间结构紧凑，土地利用方式就会集中；城市空间结构松散，土地利用方式就会分散。

（3）城市空间结构对土地利用效率的影响

城市空间结构不同，土地利用效率也不同。城市空间结构紧凑，土地利用效率就会高；城市空间结构松散，土地利用效率就会低。

2. 土地利用对城市空间结构的影响

土地利用是城市空间结构的重要内容。土地利用的性质、规模、方式等，都会对城市空间结构产生直接的影响。土地利用合理，城市空间结构才能优化；土地利用不合理，城市空间结构就会混乱。

（1）土地利用对城市空间形态的影响

土地利用的性质不同，城市空间形态也不同。工业用地多，城市空间形态就会比较紧凑；居住用地多，城市空间形态就会比较分散。

（2）土地利用对城市空间布局的影响

土地利用的规模不同，城市空间布局也会不同。工业用地规模大，城市空间布局就会比较集中；居住用地规模大，城市空间布局就会比较分散。

（3）土地利用对城市空间功能的影响

土地利用的方式不同，城市空间功能也会不同。工业用地多，城市空间功能就会比较单一；居住用地多，城市空间功能就会比较多样。

(二) 城市空间结构与土地利用优化的途径

1. 优化城市空间结构

优化城市空间结构,是提高土地利用效益、促进城市可持续发展的重要前提。优化城市空间结构,可以从以下几个方面入手:

(1) 合理规划城市空间结构

城市空间结构的规划,要遵循"整体规划、合理布局、适度规模、节约用地"的原则。要根据城市的发展目标、经济发展水平、人口规模等因素,合理确定城市空间结构的规模、布局和形态。

(2) 加强城市空间结构管理

城市空间结构的管理,要按照"统一规划、分级管理、严格执法"的原则进行。要建立健全城市空间结构管理制度,加强对城市空间结构的监督检查,及时纠正违规违法的行为。

(3) 促进城市空间结构转型

城市空间结构的转型,是指城市空间结构从传统的单中心、分散型向多中心、紧凑型转变。城市空间结构的转型,可以更好地发挥土地利用的效益,促进城市的可持续发展。

2. 合理布局土地利用

合理布局土地利用,是提高土地利用效益、促进城市可持续发展的重要举措。合理布局土地利用,可以从以下几个方面入手:

(1) 统筹规划土地利用

土地利用规划,要遵循"土地用途管制、空间布局优化、资源利用高效、环境保护优先"的原则。要根据城市的发展目标、经济发展水平、人口规模等因素,合理确定土地利用的性质、规模、方式和布局。

(2) 加强土地利用管理

土地利用管理,要按照"统一规划、分级管理、严格执法"的原则进行。要建立健全土地利用管理制度,加强对土地利用的监督检查,及时纠正违规违法的行为。

(3) 促进土地利用集约化

土地利用集约化，是指在单位土地面积上投入更多的生产要素，以获得更高的产出。土地利用集约化，可以提高土地利用效率，节约土地资源。

三、土地利用与城市可持续发展

（一）土地利用优化与城市可持续发展

土地利用优化是指根据城市发展的需要，合理配置和利用土地资源，以实现经济、社会、环境的协调发展。土地利用优化是实现城市可持续发展的重要途径。

1. 土地利用规划

土地利用规划是城市土地利用管理的基础。合理的土地利用规划可以指导城市建设用地的合理布局，防止城市盲目扩张，保护生态环境。

2. 土地利用分区管制

土地利用分区管制是指根据土地利用规划，将城市用地划分为不同功能区，并对各功能区内的土地利用活动进行严格的管制。土地利用分区管制可以防止土地利用混乱，保障城市功能的正常发挥。

3. 土地利用综合整治

土地利用综合整治是指对城市中存在的问题用地进行综合整治，使其符合城市规划的要求。土地利用综合整治可以提高土地利用效率，改善城市环境质量，提高城市居民的生活水平。

4. 土地利用政策调控

土地利用政策调控是指政府通过土地政策和法规，引导和调节土地利用活动。土地利用政策调控可以防止土地资源的浪费，促进土地利用的合理化。

（二）土地利用优化在城市可持续发展中的作用

土地利用优化可以促进城市经济、社会、环境的协调发展，具体表现为：

1. 促进经济发展

合理的土地利用规划和管制可以为城市经济发展提供必要的空间保障。土地利用综合整治可以提高土地利用效率，增加土地供给，降低企业生产成本。土地利用政策调控可以引导企业合理利用土地，防止土地资源的浪费。

2. 促进社会发展

合理的土地利用规划和管制可以保障城市人口的合理分布，防止城市人口过度集中。土地利用综合整治可以改善城市环境质量，提高城市居民的生活水平。土地利用政策调控可以引导企业承担社会责任，促进社会公平与正义。

3. 促进环境保护

合理的土地利用规划和管制可以保护生态环境，防止城市污染。土地利用综合整治可以修复城市生态环境，改善城市空气质量和水质。土地利用政策调控可以引导企业采用清洁生产工艺，减少污染物排放。

总之，土地利用优化是实现城市可持续发展的重要途径。通过合理的土地利用规划、管制、整治和政策调控，可以促进城市经济、社会、环境的协调发展。

第三节　城市空间与交通模式

在从"建筑"形成"街区"，到"街区"形成"邻里"，到"邻里"形成"城区""市镇""城市"直至形成"地区城市"，这个从微观到宏观的"多层次向心式、多中心集中式"可持续城市空间结构推演过程中，"交通模式"与"交通设计"对于不同空间结构的形成，起到越来越大的决定作用，并且不仅微观空间层次上的交通方式与交通设计可以"由下至上"决定宏观空间层次上的空间布局，宏观空间层次上的交通方式与交通设计对于微观空间层次上的空间布局的稳定、演变，甚至根本性的改变，也具有"由上至下"的影响反馈作用。从时间的维度来看，城市交通与城市空间演化之间的相互作用、相互协调，贯穿于城市发展的整个过程中。在城市发展的每一个特殊阶段，城市交通都会发生相应的变化,而城市交通的相应变化又会对城市空间演化产生巨大的反作用。在影响城市空间演化的诸多因素中,城市交通显示了其独特而重要的作用。

城市交通与城市空间演化是相互影响、相互促进的。首先,土地是交通设施的载体,交通设施本身的建设离不开土地,交通设施用地是基本的土地利用方式之一,城市的交通模式对于城市土地利用结构有着直接的影响。其次,交通投资带来的交通基础设施的发展、交通格局的改善、交通方式的优化等,都会影响土地发展模式,这种影响主要是通过对特定地段或地区的可达性的改变来实现的。再次,城市空间演化也影响交通模式,这是因为人们使用交通设施出行的目的主要是参与各种活动,如工作、娱乐、购物等,这些活动都是与一定的土地利用方式和利用强度紧密联系在一起的,而土地的利用方式与强度从根本上对交通可达性提出要求。因此,从这个角度来说,城市交通规划的本质是通过改变特定区域或者城市空间的交通可达性,调整资源配置方式,并对各利益相关主体之间的关系进行事先协调的物质空间结构规划、设计与实施的过程。

一、交通可达性

交通可达性首先包含空间的概念,它反映了区域或者城市中不同空间节点之间的空间尺度;其次,可达性包含时间的概念,即区域或者城市中不同空间节点之间的距离可以由交通系统来克服,而交通所消耗的时间成本反映了不同空间节点可通达的便利程度;再次,可达性反映了经济价值,到达区域或者城市中特定空间节点的交通所消耗的经济成本越低,则该空间节点的经济价值越明显,吸引力也越大;最后,特定空间节点的交通可达性是描述其作为交通行为的终点相对于其他所有作为起点的空间节点的便捷程度,因此在一定时间限度与经济限度内,能够到达某一特定空间节点的人数占该空间节点所需求总人数的比例,反映了该空间节点有效交通可达性的高低。

而特定空间节点所容纳的各种活动内容和强度是与土地利用紧密联系在一起的,因此,首先特定空间节点的可达性尺度是相对于特定活动的目标参与人群而言。譬如,小学校的交通可达性是相对于小学生及其父母而言的,而商务办公地段的交通可达性是相对于就业人群而言的。其次,不同的交通工具具有不同的通行能力和通行特点，因此，特定空间节点相对于不同的交通工具和交通方式而言，具有不同的交通可达性。比如，如果强调城市中心区公共交通优先，则必须降低城市中心区相对于私人机动交通工具的交通可达性，而提高其相对于公共交通工具的可达性。这些都与交通设施的容量、速度以及人口密度等有关。评价交通可达性的方法有很多，如交通时间评价法、交通成本加权平均值法、机会可达性法、潜能模型法、收益法等。

交通可达性对城市空间布局的影响，主要是通过影响居民和企业的选址行为实现的。交通可达性的提高会引起多个可能的结果，如提高相应区位的土地价值和吸引力、降低相应区位的交通成本、促进城市空间的演化等。对城市居民和企业来说，城市交通与其日常的生活、经营密切相关，显著影响着他们的选址行为。这是因为，城市中的不同位置具有不同的区位优势，其中包括聚集优势和交通优势等。在集聚优势相同的情况下，城市中哪个区域的交通设施完善、可达性好，哪个区域就能吸引更多的居民和工商企业。在市场竞争和完全信息的条件下，人们追求自身效用的最大化，企业追求利润的最大化，而交通条件的改善，降低了居民的出行成本和企业的运输成本，能够给他们带来更多的利益，因此，对居民和企业会产生较强的吸引和影响作用。

交通可达性与城市空间布局之间的关系在于，首先，城市交通设施建设可以改变城市中某一区域的可达性，使得人们倾向于在该区域进行生产、工作、休闲、购物等活动，工商企业和房地产建设投资会在该区域聚集，这改变了人们经济活动的空间分布，从而改变了城市的空间形态。其次，土地使用方式和城市空间演化模式具有强化交通方式选择的功能，产生路径依赖。这种强化和依赖，一方面与二者之间的关联性和适应性有关，另一方面与交通方式的转换成本有关。

二、城市空间的演变与交通工具的发展

城市交通的发展与城市空间的演变交织在一起，经历了"步行及马车时代—公共电（汽）车时代—轨道交通—小汽车时代"的发展过程。

步行方式灵活、方便，具有完全的自主性，但速度最慢，只适用于短途出行；自行车方式具有方便、灵活、无污染、短距离（5km以内）可达性好等特

点，比小汽车更适合于高密度的用地模式，能对公共交通起到较好的补充作用；普通公交电（汽）车具有经济、单位能耗低、运量大、适合中长距离（5km以上）出行等特点，即使在城市空间规模很大时，其运行距离也可横跨整个城市，能促进城市中心向更大范围发展；轨道交通方式具有运量大、单位能耗低、清洁无污染、准点快捷的特点，具有引导城市沿主要交通线路呈线状或指状向外演化的功能；小汽车方式方便、快捷、可达性好、能体现个人的自由，但能耗高、运量有限，适用于分散化、低密度的城市发展模式。显然，交通方式不同，其运行速度和适用范围就不同。

在城市初建期，城市以步行和马车为主要交通方式时，由于速度的限制，人们在一定时间内所能到达的距离非常有限，因此，城市规模小，平面空间密度高，用地紧凑。城市初建期的规模总是以人的尺度为依据而建设，空间尺度以人在1小时内所能达到的距离为限，即城市半径一般在4km左右。这反映出城市交通对城市初建期的空间规模有一定的制约作用。随着交通方式的改善，如用马拉轨道车代替普通的马车，用电车或公共汽车代替马车等，交通速度不断提高，在相同的时间内，人们的出行距离可以达到更远，城市将沿着电车线路向外延伸。这时，城市空间就出现了扩大的趋势，并以新的可达距离为限向外扩展。就城市交通的影响而言，在城市快速发展的初期，城市交通一般还没有得到充分发展，还不能满足城市居民大规模、远距离的出行需求。因此，大量聚集的人口只能在市内与近郊之间穿行，这样就造成了城市以核心区为中心的单中心连续向外扩展的同心圆演化模式。

在"轨道和小汽车时代"，轨道和小汽车的发展，给城市交通的发展和城市空间演化提供了极大的动力。大容量的轨道交通能够满足居民大规模的出行需求，给城市土地开发，特别是轨道线路附近的高密度开发提供了极大的支持。同时，小汽车也给使用者带来了极大的便利和自由，使得使用者能够灵活决定出行频率和出行距离。所有这些交通方式的发展都极大地促进了城市空间规模的扩张和结构的变化，相应区域的土地使用强度不断提高，城市空间范围不断扩大，空间演化不再局限于单中心形式的扩展，而是出现了多中心、组团式、"星形"、沿轨道交通线路的"带状"等城市空间扩张方式。

小汽车的广泛使用使城市空间演化的方式和规模又发生了巨大变化，表现在空间演化也出现了分散化中心、沿高速公路"带状"的低密度等空间扩张方式，空间的扩张规模也明显增大。特别是与其他交通方式相比，小汽车交通方式受线路、轨道及环境状况等的影响较小，更具有快速、舒适、自由度大等特性，对城市空间的低密度、大范围扩张产生了巨大的推动作用。

三、城市交通与宏观城市空间布局

（一）依赖私人机动交通模式

该模式在城市空间布局结构上没有单一的市中心，城市道路没有放射形的道路网，而是呈方格状的网络结构。高速路组成主要的道路网，干道在高速路围成的区域内连接着高速路与其他重要线路，小的集散道路和出入路则起着连接建筑物与干道的作用。这种路网结构能起到平均分配交通流的作用，使城市交通畅通无阻，适用于私人小汽车的出行。在城市空间形态上，这种模式以低密度的蔓延式扩张为特点。在这种模式下，城市中的任何空间节点相对于私人汽车都具有最高的空间可达性，而相对于步行、公共交通等，具有较低的空间可达性，因此对城市中的步行、公共交通等交通模式必然产生抑制作用。这种交通模式道路占地率较大，与分散的城市空间相对应，交通能耗高。采用这种模式的城市主要以北美、澳洲为主，如美国的洛杉矶、底特律等。

（二）限制市中心的模式

该模式在城市空间演化上维持一个市中心的重要作用，但限制市中心的规模向外扩展，鼓励郊区中心的发展。通过放射状的铁路和干线网络，为市中心服务，同时，围绕市中心的环形高速路可以减少穿越市区的交通流。这种模式既维持了市中心的繁荣，又改善了市中心的交通状况。在这种空间模式下，城市中心区内部对于步行、公共交通具有较高的可达性，而城市边缘则对于私人机动交通具有比较高的交通可达性。因此，在城市郊区中心之间、郊区中心与城市中心之间，私人机动交通依然是主要的交通模式。采用此模式的城市有墨尔本、芝加哥、旧金山和波士顿等。

（三）保持强大市中心的模式

这种模式在城市空间布局上通常都有一个强大的市中心，市中心有高密度的居住区和商业区，市中心发达的道路系统为公共交通提供了条件。为了适应市中心的交通需求，及时疏散市中心庞大的客流，该模式强调建立完善的放射形轨道交通和高速路网系统。

这种空间模式的发展集中于城市中心，城市中心对于步行、公共交通具有较高的交通可达性，会削弱对私人机动交通的需求，而郊区中心的发展受到城市中心的抑制，因此往往发展不够充分，容易形成沿城市铁路与高速公路的大规模、单一结构的居住用地，在郊区与城市中心之间形成强大的通勤交通。对一些古老而人口集中的特大城市，其城市空间规模和结构的特性较为适合该模式的交通网络系统，如巴黎、纽约、多伦多、汉堡、雅典和悉尼等城市都采用了这种模式。

（四）低成本的模式

这种模式不主张以大量交通建设来解决交通问题，而是通过对现有城市交通的调整和对城市空间布局的引导，达到城市交通与城市空间演化的协调。该模式强调在市内相应路段及放射形道路上实行公交优先，引导和鼓励沿放射形道路建立城市次中心。波哥大、拉各斯、伊斯坦布尔、卡拉奇及德黑兰等城市都采用此模式。

（五）减少与限制交通模式

这种模式在城市建立不同等级的次中心，通过混合开发，使工作、购物、休闲等活动大多集中在相应区域内，以减少交通出行。各次中心之间以及次中心与城市中心之间分别建立完善的环状和放射状的道路及轨道网络。同时，这种模式通过控制市内停车场建设等措施，限制小汽车的使用，大力发展市内公共交通。这种模式类的主导思想是"需求端控制"，减少出行需求，限制私人交通，发展公共交通。在这种模式下，无论城市中心区，还是城市边缘区与城市次中心区，对于公共交通，特别是轨道交通具有很高的交通可达性，而对私人机动交通产生抑制作用，同时城市形成由轨道交通连接的多中心的组团状城市。采用这种模式的城市有伦敦、新加坡、中国香港、斯德哥尔摩等。

我国目前城市的发展模式有团块状、组团式、星形、单中心圈层同心圆及带形。中国大城市空间结构的普遍模式是单中心圈层发展式；单中心圈层同心圆适合中小城市布局；带形城市的轨道交通沿城市中心轴扩展，城市扩展模式简单。特大城市典型的规划是城市结构由中心区、环状放射式道路、封闭绿带加卫星城组成。但是随着城市规模的不断扩张，城市发展分为不同的模式，有团块状，有沿着轨道交通线路星形扩展的，有组团式扩展的。城市的交通模式也处于转变之中，小汽车的发展模式被证明不适合我国的实际国情，因为小汽车发展造成城市摊大饼式的蔓延、交通拥挤、环境污染和能源大量的消耗，是不可持续的。而轨道交通是城市的主骨架，决定着城市人口的分布和用地特征、城市的发展模式。根据城市扩展方向，轨道交通引导的发展成为突破城市"摊大饼式"蔓延发展，降低对私人机动交通的依赖，解决交通拥挤、环境污染、降低能量消耗、降低碳排放，是实现城市生态可持续发展的必由之路。

第四章　生态城市规划设计与建设策略

第一节　生态城市景观规划设计的策略

一、基于生态理念的城市水景规划设计

生态水景观设计以水为景观环境设计的载体或主题，对环境进行系统的物理功能、生态意义与精神价值的营建性活动，使环境更适合人的生存与社会活动需要。生态水景观设计不仅仅限定于以水造景和借水为景的视觉景观作用，更重要的是，由于水系统的引入，水对于整体环境系统的丰富与改变将起到关键的作用，植物、动物、空气湿度、土壤和微气候都将因此产生变化，对场地环境的未来提供了更多变化的可能，使环境具备多种生命体生长的条件，并在生长的过程中呈现出旺盛的生机和丰富的视觉现象。

（一）流水景观设计要素与原则

1. 流水景观设计要素

无论是人工水景还是自然水景，流水景观都是因地形的高差而形成，水面形态因水道、岸线的制约而呈现，水流缓急受流量与河床的影响，这些因素成为流水景观形成的必要条件，也带给人们多种知觉、视觉、听觉、触觉等感受，由此延伸出丰富的景观功能。

（1）自然流水景观

自然流水景观简称河流景观。自然流水景观设计，一是对客观存在的水系环境，根据其场地的地理条件、水资源、气候、汛期等自然规律与河道地质、植被等自然条件，结合水系形式特征与流域人文背景，形成总体设计思路；二是找出其中造成流域环境生态干扰的不良因素进行针对性的优化设计，对水体、水岸

线、护坡、河道、桥梁、建筑、观景平台、道路、植被等主要环境景观因素进行合理整治与建设，调整水域环境的景观生态格局，保持并突出水系的生态景观优势，构成区域景观环境，使自然景色与流水形态显现最佳的风景表现力。自然流水景观的作用受河流长度和流域面积的限制。河流景观从规模上可习惯性分为江、河、溪，即大、中、小三类。

①大型河流景观。大型河流通常指长度为数百公里以上、流量大、水域面积辽阔，对区域生态格局、气候的形成产生主要作用，对区域人文具有重要影响的著名河流，如中国的长江、黄河，埃及的尼罗河、南美的亚马孙河，欧洲的多瑙河、塞纳河、莱茵河等。这些大型河流跨越了不同的地理、地质和生态区域，甚至不同的国家，有着丰富的生态系统、人文背景和多种系统服务功能，如灌溉、交通运输、水力发电、养殖、城镇供水、调节气候、动植物群类生长等。这些作用无论是自然的或人文的都使河流景观具有多样性的特征。

大型河流的景观是一个内容庞大的系统景观，由于其尺度规模和系统功能，人们常常以中、远视距去关注它的景象，而非近距离的注视，并从区域环境的生态发展与应用需要去考量景观格局与形成，这给景观设计提出了特定的要求。大型河流的景观规划需根据流域原生态格局、水流特性，结合区域人文和社会生产、生活发展对水系生态条件的影响，构建具有多重功能与价值的流域景观系统。在这个系统中景观规划将依据河流流线特征，分区域、分系统、分段落进行规划设计，以实现生态景观功能与景观服务价值的最大化，由此构成景观的综合性与多样性。这使设计体现出对流域环境中具体景观的表现所采取的模糊性倾向，而对各系统相互作用而形成的区域景观则强调整体性。这是由人的视距与景观对象的距离之间的关系而定的。

景观的整体性反映区域环境的总体生态系统特征和景观功能。每个景观对象则是总体景象中的组成因素，与环境系统存在必然的逻辑关系，并对景物间的因果关系起强调作用，即突出景观的整体性。如水岸线、护坡、河道、水利工程、桥梁、建筑、码头、轮船、观景平台、道路、植被、动物等景物，在线形的河流景观中应更好地与环境相联结，与区域人文相融合，构成特色风景。

②中、小型河流景观。中、小河流通常指长度为数十公里以内、流量较小、

水域面积相对较窄的河流,其对当地的生态格局和气候变化有重要的作用,并对当地的生活习俗有一定的影响。虽然其规模不及大型河流景观,但同样具有独立的生态系统与相应的景观服务功能;在与人类的距离关系上更接近,有利于中、近距离观赏河流景观;河流线性特征明显,并具有旱涝易于控制、便于利用与改善等优势条件。因中、小型河流景观的流域面积不大,生态系统相对简单,规划设计可根据系统现状与景观功能需要进行区域整体设计。在强调区域环境生态系统的互补性和整体性的同时,突出其可利用的条件,根据河流线性特征建立独特的两岸景观廊道,结合近视距观察的特点,将单体景观对象,如水体、水岸线、护坡、河道、水坝、桥梁、建筑、观景平台、道路、植被等具体表现,形成具有丰富变化的,具有多种景观服务功能的河流风景。

(2) 人工流水景观

人工流水景观则是在无自然水体的场地环境中进行水景设置,对于原场地生态景观格局具有嵌入性影响,可根本性地改变原景观状态。人工流水景观设计需根据原景观系统的健康状况、地形、地貌、空间大小和周边景观情况,考虑水系引入的生态作用、动植物生长与控制要求、水体规模、流量、流水线形、沟渠形态、环境微气候以及其他自然景观与人工景观的相互对应关系,并利用各生态系统的相互作用,形成较为独立的小流域生态循环。人工流水景观多以小规模流量进行设计,在形式上注重流线与池面的结合,做到张弛有度,更好地体现水在环境中的景观作用,并结合桥、建筑、景台、道路、植物和地形变化,表现精致的人工流水景观。

2. 流水景观设计原则

(1) 岸线与护坡

①自然河流的岸线与护坡。水岸修建对保障河道安全、加强景观效果、减少水流对岸线的冲蚀起到多方面的作用。在宽大的河流上修建岸线必须根据防洪要求进行设计(10年一遇、20年一遇、50年一遇等),并在急弯处的护岸加高不少于300毫米,小型流水的弯道处必须保证弯曲半径最低为水道宽度的5倍。河道大多属下沉式,岸线修筑需根据河岸土质、岩层和水流情况而定。河岸有土岸、石岸和混凝土岸,不同的材料对河岸具有不同的防护作用。土岸渗水性强,

利于缓流水系的岸畔植物的培植，利用植物的生长根系加固岸线，使岸线与水面呈现自然连接的关系；石岸和混凝土岸渗水性差，利于防止急流河道岸线的水土流失和岩层冲蚀。

②人工流水的岸线。人工流水的可控性强于自然河流，其流量规模也较小。由于人工流水对植入的场地环境具有重要的生态景观作用（灌溉、养殖、保湿、造景等），因而岸线设计需根据流水景观的作用与场地作用进行营建，如长距离引入自然水源进行灌溉而修建的水渠，形成多维度的农业景观。水景的构筑多采用在石岸和混凝土上贴陶片、瓷片，或用卵石垒砌等修建形式。其目的是减少水量渗漏、统一流水线形、防止水流堵塞、保障水质洁净等。

(2) 河道与地形高差

水流的形态与高差有直接的关系，地形落差越大水流越急，形成不同的流动现象；河道尺度的宽窄也能影响水流的缓急与形态。水流缓急不仅具有视觉景观形式，而且具有景观服务功能，成为影响流域生态与人文景观的重要因素。急流冲刷会使河道与河床因水流通过性好而不易造成河道阻塞，水流的自净能力增强，但易造成土壤流失、水情复杂，造成下游缓流处泥沙沉积、河床抬高而形成隐患，使流水景观服务功能减弱；缓流则使景观服务功能增强，但会使水流自净能力降低，水质变差。在自然流水景观中，河道与高差是长久、自然地演变而成的，造就流域环境特殊的水流现象、生态现象、人文现象和交通运输方式。

自然河流景观设计中，河道与地形高差可根据流域环境对水资源的需要进行适度的调整，采取筑坝、围堰、清理河道等改造方式，以控制水流流速，更加充分地利用水资源。但在改造自然河流的同时应考虑原生态系统的结构关系，依条件而行。无论是急流或缓流的江河都有其独立的生态属性和生态链，如果单方面从满足人对河流的应用功能出发，不加限制地对河道筑坝截流，改变自然水流高差、流速和泄流方式，会导致河流中原生动植物生长规律遭受严重破坏，上游水流冲刷下来的泥沙、沉积物在筑坝蓄流河段形成淤塞，易造成水质污染。整治河道、改变水流是一项耗资、耗时的重大工程，对流域环境的生态变化有长远影响。因此，景观设计要求从多方面进行综合考虑，将河流环境中的有利条件、不利因素与应用的价值，以及改变河流现状所可能付出的各种代价等，进行综合的得失测算与评估,并以此为设计依据,才能获得良性发展的景观效益。

人工流水多以小规模景观为主,较自然河流其规模、流量有很大的差别,且可控性强。在河道与水流高差的设计上,一方面根据场地条件考虑水景观形成的线形流向与落差关系,以河道宽窄控制流水水面的形式节奏与流速缓急,并使水流形式在平面与立面,以及多角度视觉关系上体现景观特性;另一方面考虑水的来源条件与景观作用,人工流水景观多在缺水的旱地环境中建造,场地水资源有限,大规模的水景观引入会造成建造代价和维护代价过高,此外,场地生态建立的灌溉、土壤保湿和保障水质所需补水与排水应考虑急流与高差因素,急流与高差过大易造成水量缺失加快,补水量加大形成运行负担。因此,应注重景观效果、景观功能与经济价值等因素,合理设计河道长、宽、形态与水流高差尺度,以控制流量、流速和水流形式,结合环境生态需要,最大限度地发挥有限的水资源作用。

(3) 安全、节能与环保

①自然河流景观。自然河流景观是景观功能最强的系统,也是人类活动最密切、行为方式最复杂的景观对象。

安全方面:安全主要指防止景观环境中的种种因素对人的正常活动行为可能造成的伤害。河流景观的水深、流速、河道、滩涂、岸线等都是自然形成的,也是人的涉入行为最频繁、最容易产生安全隐患的场所。因此,景观设计需要针对环境的现状特征和人的行为方式进行分析处理,从交通方式(水上船运、桥梁、水岸观景道路等)、游玩方式(近水、亲水活动)、观赏方式(静态与动态观赏)上,结合水流、河道、滩涂、岸线、气候、生态等特定因素,因地制宜地设置不同的人为活动条件,并对设计用材和营建尺度做出具体要求。如滨水车道、步道的形成,护栏、路面的处理,船运对河道的要求,游玩涉水活动对河滩、河道的改造等,在不改变自然河流景观特征的前提下,安全地发挥景观功能作用。

环保方面:环保主要指景观设计对河流及流域环境中的生态系统的健康运行所采取的保障措施。河流景观的环保设计通常采取的措施有:减少人为造成的水源污染,控制排放量;针对流域环境中可能引发生态系统障碍的因素进行改造,避免形成区域环境的生态病变;在河道、滩涂、岸线的改造与建筑、堤坝、桥梁等景观构筑物建设中,应选择天然或无污染的材料修筑,并严格控制施工方式与程序,避免造成水质与环境的污染;控制过多地修建人为活动场所、动植物养殖设施,减轻环境压力;不以满足悦目为终极目标,避免在无科学研究、考证的前提下,盲目引入外来观赏性水生或岸畔动植物,使外来物种和由此而带来的物种疾病,在无天敌和环境控制能力的状态中,无节制地生长,并随水流快速、大面积蔓延,构成对区域环境原生态系统的破坏和环境灾难;控制无节制地利用水资源,尽最大可能减少截断河流的水利工程,避免河流与流域的原生动植物的生长、繁衍规律招致断裂性破坏,致使某些物种灭绝。

②人工流水景观。安全方面:人工流水景观主要设置在人流量较为密集的场地环境中,如城市广场、公园、步行街、住宅小区等。因其存在于无水的环境而备受人们的青睐,水景与人的活动关系更为密切。设计从安全的角度对水深、流速、水质的控制,水岸、河底、高差、岸边道路的构筑方式与人为活动特征等进行处理。在无特殊涉水活动(滑水、游泳、冲浪等)的要求下,作为普通观赏、游玩景观的水流深度一般控制在200~350毫米之间。水体两岸、水底多采用硬质材料修建,使水流通过性好,材料表面进行防滑处理,保障游人、儿童涉水行为的安全。在水流蓄积处修建清理设施及排水设施,保障水流洁净,避免循环系统淤塞。水岸步道、景桥等多以石材、防滑地砖、防腐木等材料营建,石材表面应进行防滑处理,尤其是硬度和密度较差的沙石类,在滨水环境中容易生长青苔,拉槽或毛面处理是必要的,以求在满足景观需要的同时又起到安全、环保的积极作用。

节能方面:由于人工流水景观往往存在于无自然水源的环境,并以动态流线的形式呈现,水流循环、水量补充、水质保洁等都需要消耗大量的能源作为保障。因此,控制水体规模、硬化人工河岸以防止水量渗漏、利用地形高差合理控制流速的缓急等,是人工流水景观节能设计中常采用的具体方式。

环保方面:控制规模与流量,使场地环境特征和原生态系统特征不被大面积破坏;控制流域范围和引入动植物的种类,使引入的流水景观与生态景观的发展控制在有序的范围内,并与原场地生态系统和场地关系相融;控制水量,建立与水景规模相适宜的蓄水、供水、排水、清淤系统,避免溢满、断流和水流变质,造成环境污染；建立控制管理设施和条件，保障因水系而形成的生态景观系统可持续地发生作用。

（4）流水与景观环境

流水景观效果的优劣不是简单指一条河流或人工水流的形态景象，而是由水流与流域环境中的多种因素形成，并取决于水与周边物象景观关系的协调程度。在景观场所中任何可视物象都是设计需要思考的对象，静态的、动态的；自然的、人工的；功能性的、非功能性的；可视的与不可视的等等。流水景观应与流域环境条件、生态生长特性、人文特征等要素协调一致，形成相互对映、相互作用的整体关系，这才是景观设计的诉求。

（二）静水景观设计要素与原则

1. 静水景观设计要素

（1）静水景观的功能

静水景观由洼地集水而成，有地壳变化隔海成湖的，有自然雨水和小型河流汇集而成的，以及地下水外涌和人工引水蓄存等，由此形成常见的湖泊、池塘、水库、水田、水洼，这些不同规模、容量的水体对不同地域、地块的景观系统的形成起到了决定性作用。但并非所有的静水景观都具有持久性，其中有部分是短暂的，随季节产生也因季节变化而消失。决定水景持续的条件主要来自于景观水源的进水方式和补给量、水体大小和容量多少、环境气候和地质结构，以及对水资源的应用量。静水景观的水量多少直接影响水域环境的生态状况和景观功能。由于静水景观可利用优势明显，资源的利用与分配成为有效使用景观功能、保持水域环境生态系统平衡的核心问题。在有限的资源条件下将景观功能所涉及的产业作用进行科学的疏理，剥离易造成生态系统障碍的自然危害和人为因素，形成符合水域环境条件，利于生态健康发展和景观服务功能的产业链，使静水景观更好地作用于社会生产和社会生活。

（2）静水景观的类型

静水景观从应用功能的角度上可以从水的蓄存和汇集形式，由于其具备广泛的应用价值，所形成的景观现象的种类相对繁多。从景观水体形成上分为自然静水景观和人工静水景观两类;从景观功能上分类有:养殖业景观(渔业养殖和水禽养殖)、农业静水景观(水田、种植水塘)、工业静水景观(工业用水蓄存和污水处理)、区域供水蓄存景观(水库)、天然湖泊旅游景观、运动与活动景观(游泳池、儿童戏水池)、城市环境小型观赏静水景观等;从景观形态上分为自然形与规则形。

(3)静水景观的设计形式

①下沉式。下沉式指在丘陵地带选择低洼地形进行局部围合,或在平原地区进行局部开挖使地面下沉,形成蓄容空间,并根据场地条件和景观作用,控制水域范围、水位。水面低于地面以俯视的方式观看,影印关系清晰,可获得较为完整的水面观赏效果,因而成为城市和乡村水景中最常用的一种形式。

②地台式。地台式指水景的蓄容空间修筑于地面又高于地面,其景观作用主要是益于城市环境造景观赏。它分高台式、低台式和多台式三种。地台式水景观的规模相对较小,由于其突出于地面使其在环境中具有很重要的配套使用功能和观景价值,往往被作为场所中的主体景观。地台式水景常常与其他水景形式结合运用,形成动与静、虚与实相互作用的景观主体。

③镶入式。镶入式水景是将水的景观作用由外环境引入建筑内部,或者穿过建筑空间形成水榭,成为室内外环境相互沟通的纽带,使水体对环境的生态作用、对空气湿度的影响作用和气温的平衡作用有效地发挥于室内空间,同时增加了室内的亲水活动,如游泳、儿童嬉水、观赏养殖、垂钓等。

④溢满式。溢满式水景是下沉式和地台式水景的形式延伸,水池的水面与边缘或地面齐平,可随造型需要与跌水景观结合,使水溢满后顺池壁缓流。溢满式水景追求一种宁静、祥和的景观状态,体量规模通常较小,但水景与人的关系更为密切,增强近水、亲水活动的感觉。

⑤多功能式。多功能式水景实际上是一种传统的造景形式,水体规模相对较大,以适应多功能需要。在农耕时代水池是集观景、消防、饲养等功能为一体的生活设施。而在今天的城市、乡村的生活环境中依然广泛沿用了这种形式,只是景观功能更为丰富:将水池的观赏功能与游泳池、溜冰场,养殖水生植物、动物等结合,建立如立体农业景观、园林人工湖景观和水景游乐景观等,增强景观作

用和生产作用。

2. 静水景观设计原则

（1）水岸线

①自然静水景观岸线设计。岸线的处理不能一概而论地硬化成人工堤岸；隔绝式硬化虽统一了岸线的视觉关系，却阻隔了水与岸畔的系统关系，以及水生动植物的生态习性。因此，对于大型自然湖泊和水库的岸线景观设计应根据水岸地形、地质、防汛要求，景观功能的具体利用方式、景观风格、植被生长状况等条件，进行针对性处理，从整体区域景观的层面去分析发展优势、不良隐患和易造成环境疾病的可能因素，分区域、段落采取加固保护，建立水与岸的系统连接，合理地设置近水设施和滨水观景道路。岸线修筑应建于通常水位以下，根据水下土质结构用碎石或混凝土作垫层，避免腐蚀、渗漏而造成水岸塌陷，表层则采用灵活多变的形式方法，丰富环境气温寒冷、易结冰的客观因素。

②人工静水景观围岸与池底设计。人工静水景观主要指池体由人为的方式修筑，水源为人工引入形成的景观形式，岸线关系均由人为控制，其形成效果取决于水景的围岸与池底。由于人工静水景观具有规模较小、水体自洁性较差、水质易受污染、水的渗透性强等特点，因此，无论是下沉式或地台式水景建造都应根据景观的功能作用采取不同的方式进行处理。围岸与池底在设计时不仅要解决功能性、安全性问题，同时要注重形式效果，无论是乡村的农业、渔业景观，还是城市的园林、广场、泳池等，都应满足功能的特殊造型要求和不同环境条件下的视觉形式要求。围岸与池底的景观效果取决于水景形成的方式和水的透明度。

（2）修筑景观

设计中可根据水域条件适当修筑景观，如堆砌湖心岛，延伸岸线形成半岛，修筑观景风雨桥、水榭、湖中亭、涉水栈道、游船码头等滨水景观，使水域环境具有丰富的景观功能。修筑景观因涉及湖底、水体、岸畔等因素，需考虑因湖底基础加固、水位落差形成的景观效果以及岸畔景观连接关系，避免造成形影单调、破坏整体的负面作用。

（3）安全与环保

①自然静水景观安全与环保。景观利用必须尊崇环境条件，合理的、有限定

性的利用是对环境发展最有益的设计方式,采用限制资源利用量、人流进入量、产业进入量等方式,以减轻人为因素所造成的环境压力。对于游客相对集中的水域环境,容易产生一定的安全和污染隐患,需设置相应的安全设施。环境保护方面,设计应规划和控制业态规模,集中设置商业区和其他产业区域,以便集中处理生产、生活污水和垃圾;严格控制水域内的网箱养殖作业,避免水中微生物过多形成负养,使水质受到破坏;在人群密集区和主要观景交通道路旁设置分类垃圾桶,减少环境污染。

②人工静水景观安全与环保。水深、水量控制:水深控制在500~1000毫米范围内,水量根据水深范围的保有量和更换频率加以控制,节约资源。

利用障碍:路旁、广场的下沉式景观应有高出地面的围沿或护栏,形成障碍提示,围沿高度不低于200毫米,避免行人误入,同时阻挡部分尘土对池水污染、环境污染。

设置篦栏:人流相对集中的观景区域,需在排水口和水景旁设置篦栏,分离池内排水和环境积水,保障水质清洁。

控制动植物数量:观赏养殖类景观应根据水体规模进行水生动物的投放和植物的种植。因池水不易频繁更换,当繁殖量超过正常范围时需及时减量,避免供养不足造成动植物大量死亡,引起水质、环境、空气污染。

注意儿童安全:城市静水景观由于具有亲水、近水的魅力,常吸引儿童进入池中玩耍,对于涉水的景观水深应控制在200~500毫米范围内,池底表面需采用防滑材料,岸沿需处理成弧形,避免儿童跌倒碰伤。

(4) 城市静水景观与环境

①水景形式应符合当代视觉审美需要,符合现代城市环境的风格。②水景的体量应与场地协调,并具有相应的比例关系。③灵活运用不同形态的景观物象配景,以形成更具创新性的景观形式。④根据不同环境条件和功能需要,限制水深在500~1000毫米为宜,使水生植物得以更好地生长,并保障安全。⑤寒冷地区的地台式水景蓄水量应减少,水面须低于地面,以免结冰膨胀,破坏围岸。⑥水池池底表面可配各色面砖或拼砌多样的图案,使水景色彩更加悦目。⑦小型水景可用玻璃纤维、混凝土、压克力等耐腐、防渗材料铸造,形成小型水景容器,放

置于地面、水中，并注水构成地台式、下沉式或池中池等小型整体景观形式。

（三）跌水景观设计要素与原则

1. 跌水景观设计要素

（1）蓄容

无论是自然的还是人工的瀑布都需要蓄容环境，这是形成瀑布的必要条件。瀑布蓄容分上下两个部位，自然瀑布实际上是地形变化造成河床断开，形成立面流水；人工瀑布则是由底池蓄水和堰顶蓄水循环形成，不仅要设置相应的循环设备，同时还要设置补水设备，因为瀑布在流落的过程中挥发量与流失量较大。由于人造瀑布景观的蓄容与流量都具有可控性，在城市环境中，因场地局限、环境复杂等因素，设计通常根据场地的具体情况与构筑物相结合，以构筑不同容量的蓄容条件，并利用不同高差，设置瀑布景观的形式。

（2）出水口

在人造瀑布景观设计中，出水口的设计是体现瀑布效果形成的关键，它决定瀑布的规模与表面形态，出水口有隐蔽式、外露式、单点式和多点式等：①隐蔽式是将出水口隐藏在景观环境中，让水流呈现自然瀑布的形状。②外露式则是将出水口突显于景观之外，形成明显的人工瀑布造型。③单点式指水流从单一出口跌落，形成单体瀑布。④多点式指出水口以多点或阵列的方式布局，形成规模较大的瀑布景观。

2. 跌水景观设计原则

（1）蓄容与跌流的形式关系

在设计跌水的立面与平面效果时，应根据景观环境的总体关系思考相互间的比例尺度，分清主次。如以平面水体为主，立面水景的尺度设置应相对较小；若以立面为主，平面水景尺度应相对较小。蓄水分底池蓄水和堰顶蓄水：堰顶往往在跌水景观的顶部，水平面往往高于视线；底池通常设置在水景的底部，水平面低于视线，可视面大。因而跌水景观立面与平面的比例关系，主要体现在视线以下的蓄容水面与立面流水的尺度关系上。水面过小，跌流过大，容易产生空间局促、水花飞溅、地面湿滑的不良影响；反之，则造成水面占地过大、跌水效果隐弱、水景形式呆板等现象。

（2）跌水景观与环境

跌水景观分为较大体量的主题水景和较小体量的景观小品。较大的跌水景观，将根据场地环境的需要形成变化丰富的、形式突出的景观主体，设置在人流和视线相对集中的区域，供游人玩赏。由于人的亲水习惯，设计时应考虑设置人在跌水景观环境中的行为方式和多种安全因素。

（3）安全与环保

①安全因素。跌水景观分自然跌水与人工跌水。人工跌水应控制池底水面与池岸的关系、池岸与地面的关系，并限制池水的深度，既突出跌水环境的特征又保障游人的安全。由于瀑布高差原因，堰顶蓄水池通常不设置人为活动区域，避免游人意外跌落。自然瀑布景观往往地形较为复杂、高差较大，应在上游河道与岸畔设置隔离带和禁令标志，禁止游人进入瀑布跌流区活动，以免发生危险和造成景观破坏。

②环保因素。控制人工跌水景观规模，以较高频率更新水质，将更换的水用于绿地灌溉，有效控制运行成本。在上下蓄水池周边修建隔离设施和排水系统，避免脏物或污水污染水体。对自然瀑布景观的上游河道的用水、排水进行严格控制，保障景观区域的生态健康。

（4）跌水景观与环境

人工跌水景观设计应根据场地环境的条件和整体景观风格进行思考。跌水的高差关系和声响效果是造成景观主体突出的主要因素，常被作为景观环境的主景表现形式。跌水景观的高差与场地面积，以及其他景象的尺度即成为总体景观的合成因素，过分地强调水景体量而忽略环境的协调，会造成水景孤立、建设运行代价过高、水资源浪费过大的不良影响；体量过小的瀑布景观其特征又不能充分体现。因此，控制水景的体量与环境的关系，发挥景观特色和生态作用，并根据环境地形条件、建筑条件巧妙地结合，突出跌水景观的趣味性和生动性，才能完美地体现跌水景观的功能。

二、交通岛生态绿地规划设计

交通岛是指控制车流行驶路线和保护行人安全而布设在交叉口范围内车辆行

驶轨道通过的路面上的岛屿状构造物,起到引导行车方向的作用。交通岛绿地是指可绿化的交通岛用地。交通岛绿地分为中心岛绿地、导向岛绿地和立体交叉绿地。其主要功能是诱导交通、美化市容,通过绿化辅助交通设施显示道路的空间界限,起到分界线的作用。

(一) 中心岛绿地

中心岛是设置在交叉口中央,用来组织左转弯车辆交通和分隔对向车流的交通岛,习惯称"转盘"。中心岛的形状主要取决于相交道路中心线角度、交通量大小和等级等具体条件,一般多用圆形,也有椭圆形、卵形、圆角方形和菱形等。常规中心岛直径在25米以上。一些大、中城市多采用40~80米。

可绿化的中心岛用地称为中心岛绿地。中心岛绿化是道路绿化的一种特殊形式,是原则上只具有观赏作用,不许游人进入的装饰性绿地。布置形式有规则式、自然式、抽象式等。中心岛外侧汇集了多处路口,为了便于绕行车辆准确、快速识别各路口,中心岛不宜密植乔木或大灌木。保持行车视线通透。绿化以草坪、花卉为主,或选用几种不同质感、不同颜色的低矮的常绿树、花灌木和草坪组成模纹花坛。图案应简洁,曲线优美,色彩明快。不要过于繁复、华丽,以免分散驾驶员的视线及行人驻足欣赏而影响交通,不利安全。也可布置些修剪成形的小灌木丛,在中心种植1株或1丛观赏价值较高的乔木加以强调。若交叉口外围有高层建筑时,图案设计还要考虑俯视效果。

位于主干道交叉口的中心岛因位置适中,人流、车流量大,是城市的主要景点,可在其中建立柱式雕塑、市标、组合灯柱、立体花坛、花台等成为构图中心。但其体量、高度等不能遮挡视线。

若中心岛面积很大,布置成街旁游园时,必须修建过街通道与道路连接,保证行车和游人安全。

(二) 导向岛绿地

导向岛是用以指引行车方向,约束车道,使车辆减速转弯,保证行车安全。在环形交叉口进出口道路中间应设置交通导向岛,并延伸到道路中间隔离带。

导向岛绿地是指位于交叉路口上可绿化的导向岛用地。导向岛绿化应选用地被植物、花坛或草坪，不可遮挡驾驶员视线。

交叉口绿地是由道路转角处的行道树、交通岛以及一些装饰性绿地组成。为了保证驾驶员能及时看到对方车辆行驶情况和交通管制信号，所以在视距三角形内不能有任何阻挡视线的东西，但在交叉口处，个别伸入视距三角形内的行道树株距在6米以上，树干高在2米以上，树干直径在40厘米以下时是允许的，因为驾驶员可通过空隙看到交叉口附近的车辆行驶情况。如果种植绿篱，株高要低于70厘米。

（三）立体交叉绿地

立体交叉是指两条道路在不同平面上的交叉。高速公路与城市各级道路交叉时、快速路与快速路交叉时都必须采用立体交叉。大城市的主干路与主干路交叉时视具体情况也可设置立体交叉。立体交叉使两条道路上的车流可各自保持其原来车速前进，而互不干扰，是保证行车快速、安全的措施。但占地大、造价高。所以，应选择占地少的立交形式。

1. 立体交叉口设计

①立体交叉口的数量应根据道路的等级和交通的需求，作系列的设置。其体形和色彩等都应与周围环境协调，力求简洁大方、经济实用。在一条路上有多处立体交叉时，其形式应力求统一，其结构形式应简单、占地面积少。②各种形式立体交叉口的用地面积和规划通行能力应符合相关的规定。③立体交叉分为分离式和互通式两类。分离式立体交叉分隧道式和跨路桥式。其上下道路之间没有匝道连通。这种立体交叉不增占土地，构造简单。互通式立体交叉除设隧道或跨路桥外，还设置有连通上、下道路的匝道。互通式立体交叉形式繁多，按交通流线的交叉情况和道路互通的完善程度分为完全互通式、不完全互通式和环形立体交叉式三种。

互通式立体交叉一般由主、次干道和匝道组成，为了保证车辆安全和保持规定的转弯半径，匝道和主次干道之间形成若干块空地，这些空地通常称为绿岛。作为绿化用地和停车场用。

2. 绿地设计

立体交叉绿地包括绿岛和立体交叉外围绿地。

(1) 设计原则

绿化设计首先要服从立体交叉的交通功能，使行车视线通畅，突出绿地内交通标志，诱导行车方向，保证行车安全。例如，在顺行交叉处要留出一定的视距，不种乔木，只种植低于驾驶员视线的灌木、绿篱、草坪或花卉；在弯道外侧种植成行的乔木，突出匝道附近动态曲线的优美，使行车有一种舒适安全之感。

绿化设计应服从于整个道路的总体规划要求，要和整个道路的绿地相协调。要根据各立体交叉的特点进行，通过绿化装饰、美化增添立交处的景色，形成地区的标志，并能起到道路分界的作用。

绿化设计要与道路绿化及立体交叉口周围的建筑、广场等绿化相结合，形成一个整体景观。

绿地设计应以植物为主，发挥植物的生态效益。为了适应驾驶员和乘客的瞬间观景的视觉要求，宜采用大色块的造景设计，布置力求简洁明快、与立交桥宏伟气魄相协调。

(2) 绿化布局要形式多样，各具特色

常见的有规则式、自然式、混合式、图案式等。

规则式：构图严整、平稳。

自然式：构图随意，接近自然，但因车速高，景观效果不明显，容易造成散乱的感觉。

混合式：自然式与规则式结合。

图案式：图案简洁，平面或立体轮廓要与空间尺度协调。

(3) 植物配置上同时考虑其功能性和景观性

尽量做到常绿树与落叶树结合、快长树与慢长树结合，乔、灌、草相结合。注意选用季相不同的植物，利用叶、花、果、枝条形成色彩对比强烈、层次丰富的景观。提高生态效益和景观效益。

(4) 匝道绿地

由于上下行高差造成坡面，可采取以下 3 种方法处理：①在桥下至非机动车道或桥下人行上步道修筑挡土墙，使匝道绿地保持一平面。便于植树、铺草（如北京市复兴门立交桥）。②匝道绿地上修筑台阶形植物带。③匝道绿地上修低挡墙，墙顶高出铺装面60~80厘米，其余地面经人工修整后做成坡面（坡度1：3以下铺草；1：3种草皮、灌木；1：4可铺草、种植灌木、小乔木）。

（5）绿岛

绿岛是立体交叉中分隔出来的面积较大的绿地，多设计成开阔的草坪，草坪上点缀一些有较高观赏价值的孤植树、树丛、花灌木等形成疏朗开阔的绿化效果。或用宿根花卉、地被植物、低矮的常绿灌木等组成图案。最好不种植大量乔木或高篱，容易给人一种压抑感。桥下宜种植耐荫地被植物，墙面进行垂直绿化。如果绿岛面积很大，在不影响交通安全的前提下，可设计成街旁游园，设置园路、座椅等园林小品和休憩设施，或纪念性建筑等，供人们短时间休憩。

（6）立体交叉外围绿地

设计时要和周围的建筑物、道路和地下管线等密切配合。

（7）树种

树种应以乡土树种为主，选择具有耐旱、耐寒、耐瘠薄特性的树种。能适应立体交叉绿地的粗放管理。

还应重视立体交叉形成的一些阴影部分的处理，耐荫植物和草皮都不能正常生长的地方应改为硬质铺装，做自行车、汽车的停车场或修建一些小型服务设施。现在有些立交桥下设汽车交易市场或汽车库，车上、地下尘土污物无人管理。有的甚至在桥下设餐饮摊群，既有碍观瞻又极不卫生，还影响交通，应予以取缔。

三、不同类型的广场生态规划设计

（一）公共活动广场

这类广场一般位于城市的中心地区。它的地理位置适中，交通方便，布置在广场周围的建筑以主要党政机关、重要的公共建筑或纪念性建筑为主，主要是供居民文化休息活动，也是政治集会和节日联欢的公共场所。大城市可分市、区两级，中小城市人口少，群众集会活动少，可利用体育场兼作集会活动场所。这类广场在规划上应考虑同城市干道有方便的联系，应对大量人流可以迅速集散的交通特点以及其相适应的各类车辆停放场地进行合理布置。由于这类广场是反映城市面貌的重要地方，因此，广场要与周围的建筑布局协调、起到相互烘托的作用。

广场的平面形状有矩形、正方形、梯形、圆形或其他几何图形等。其长宽比例在4∶3，3∶2，2∶1等为宜。广场的宽度与四周建筑物的高度比例一般以1∶2为宜。

广场用地总面积可按规划城市人口每人0.13~0.40平方米计算。广场不宜太大，市级广场每处4万~10万平方米；区级每处1万~3万平方米为宜。

公共活动广场绿化布局视主要功能而各不相同，有的侧重庄重、雄伟；有的侧重简洁、娴静；有的侧重华美、富丽堂皇……

公共活动广场一般面积较大，为了不破坏广场的完整性和不影响大型活动和阻碍交通，一般在广场中心不设置绿地。在广场周边及与道路相邻处，可利用乔木、灌木或花坛等进行绿化，既起到分隔作用，又可减少噪声的干扰，保持广场的完整性。在广场主体建筑旁以及交通分隔带采取封闭或半封闭式布置。广场的集中成片绿地不应少于广场总面积的25%。宜布置为开放式绿地，供人们进入游憩、漫步，提高广场绿地的利用率。植物配置采用疏朗通透的手法，扩大广场的视线空间、丰富景观层次，使绿地更好地装饰广场。如广场面积较大，也可利用绿地进行分隔，形成不同功能的活动空间，满足人们的不同需要。

（二）集散广场

集散广场是城市中主要人流和车流集散点前面的广场。如飞机场、火车站、轮船码头等交通枢纽站前广场，体育场馆、影剧院、饭店宾馆等公共建筑前广场和大型工厂、机关、公园门前广场等。主要作用是解决人流、车流的集散有足够的空间；具有交通组织和管理的功能，同时还具有修饰街景的作用。

火车站等交通枢纽前广场的主要作用：一是集散旅客。二是为旅客提供室外活动场所。旅客经常在广场上进行多种活动，例如作室外候车、短暂休息；购物；联系各种服务设施；等候亲友、会面、接送等。三是公共交通、出租、团体用车、行李车和非机动车等车辆的停放和运行。四是布置各种服务设施建筑，如厕所、邮电局、餐饮、小卖部等。

集散广场绿化可起到分隔广场空间以及组织人流与车辆的作用；为人们创造良好的遮阴场所；提供短暂逗留休息的适宜场所；绿化可减弱大面积硬质地面受太阳照射而产生的辐射热，改善广场小气候；与建筑物巧妙地配合，衬托建筑物，以达到更好的景观效果。

火车站、长途汽车站、飞机场和客运码头前广场是城市的"大门"，也是旅客集散和室外候车、休憩的场所。广场绿化布置除了适应人流、车流集散的要求外，要创造开朗明快、洁净、舒适的环境，并应能体现所在城市的风格特点和广场周围的环境，使之各具特色。在广场内设封闭式绿地，种植草坪或布置花坛，起到交通岛的作用和装饰广场的作用。

广场绿化包括集中绿地和分散种植。集中成片绿地不宜小于广场总面积的10%。民航机场前、码头前广场集中成片绿地宜在10%~15%。风景旅游城市或南方炎热地区，人们喜欢在室外活动和休息，例如南京、桂林火车站前广场集中绿地达16%。

绿化布置按其使用功能合理布置。一般沿周边种植高大乔木，起到遮阴、减噪的作用。供休息用的绿地不宜设在被车流包围或主要人流穿越的地方。

面积较小的绿地，通常采用封闭式或半封闭式形式。种植草坪、花坛，四周围以栏杆，以免人流践踏，起到交通岛的作用和装饰广场的作用。用来分隔、组织交通的绿地宜作封闭式布置，不宜种植遮挡视线的灌木丛。

面积较大的绿地，可采用开放式布置。安排铺装小广场和园路，设置园灯、坐凳、种植乔木遮阴，配置花灌木、绿篱、花坛等，供人们休息。

步行场地和通道种植乔木遮阴。树池加格栅，保持地面平整，使人们行走安全、保持地面清洁和不影响树木生长。

影剧院、体育馆等公共建筑物前广场，绿化起到陪衬、隔离、遮阴的作用外，还要符合人流集散规律，采取基础栽植：布置树丛、花坛、草坪、水池喷泉、雕塑和建筑小品等，丰富城市景观。在两侧种植乔木遮阴、防晒降温。主体建筑前不宜栽植高大乔木，避免遮挡建筑物立面。

邯郸市博物馆广场位于市中心中华大街东侧与市政府、市宾馆相对。中心为椭圆形喷水池，长轴35米，短轴20米。两侧为8个花池，面积2760平方米。绿化布局为规则式，花池中间成片种植月季，四周为3米宽野牛草，草坪间点缀黄杨球，月季和草坪间用圆柏篱分隔。广场前两个大花坛种植冷季型草坪，中心栽植一组紫叶小檗球。博物馆以雪松、油松和绿篱作为陪衬。广场四周种植法桐、毛白杨，用于夏日遮阴及分隔空间绿化带。节假日摆设花坛。

（三）纪念性广场

纪念性广场以城市历史文化遗址、纪念性建筑为主体，或在广场上设置突出的纪念物，如纪念碑、纪念塔、人物雕塑等。其主要目的是供人瞻仰。这类广场宜保持环境幽静，禁止车流在广场内穿越与干扰。结合地形布置绿化与瞻仰活动的铺装广场，广场的建筑布局和环境设计要求精致。绿化布置多采用封闭式与开放式相结合手法。利用绿化衬托主体纪念物，创造与纪念物相应的环境气氛。布局以规则式为主，植物多以色彩浓重、树姿潇洒、古雅的常绿树作背景，前景配置形态优美、色彩丰富的花卉及草坪、绿篱、花坛、喷水池等，形成庄严、肃穆的环境。

（四）交通广场

交通广场是指有数条交通干道的较大型的交叉口广场。例如大型的环形交叉、立体交叉和桥头广场等，其主要功能是组织和疏导交通。应处理好广场与所衔接道路的关系，合理确定交通组织方式和广场平面布置。在广场四周不宜布置有大量人流出入的大型公共建筑，主要建筑物也不宜直接面临广场。应在广场周围布置绿化隔离带，保证车辆、行人顺利和安全地通行。

桥头广场是城市桥梁两端的道路与滨河路相交所形成的交叉口广场。设计时除保证交通、安全要求外，还应注意展示桥梁的造型、风貌。

交通广场绿化主要为了疏导车辆和人流有秩序地通过和装饰街景。种植设计不可妨碍驾驶员的视线，以矮生植物和花卉为主。面积不大的广场以草坪、花坛为主的封闭式布置,树形整齐、四季常青,在冬季也有较好的绿化效果。面积较大的广场外围用绿篱、灌木、树丛等围合,中心地带可布置花坛、设座椅,创立安静、卫生、舒适的环境,供过往行人短暂休息。

(五) 商业广场

商业广场是指专供商业贸易的建筑,供居民购物、进行集市贸易活动用的广场。随着城市主要商业区和商业街的大型化、综合化和步行化的发展,商业区广场的作用越来越显得重要,人们在长时间的购物后,往往希望能在喧嚣的闹市中找一处相对宁静的场所稍作休息。因此,商业广场这一公共开放空间要具备广场和绿地的双重特征。

广场要有明确的界限,形成明确而完整的广场空间。广场内要有一定范围的私密空间,以取得环境的安谧和心理上的安全感。

广场要与城市交通系统、城市绿化系统相结合,并与城市建设、商业开发相协调,调节广场所在地区的建筑容积率,保证城市环境质量,美化城市街景。

四、机动车停车场的生态规划设计

(一) 机动车停车场设计要点

停车场的设置应符合城市规划布局和交通组织管理的要求,合理分布,便于存放;停车场出入口的位置应避开主干道和道路交叉口;出口和入口应分开,若合用时,其进出通道宽度应不小于车道线的宽度,出入口应有良好的通视条件,须有停车线、限速等各种标志和夜间显示装置。停车场内采用单向行驶路线,避免交叉。停车场还应考虑绿化、排水和照明等其他设施,特别是绿化。绿化不仅可美化周围环境,而且对保护车辆有益:(1)市内机动车公共停车场须设置在车站、码头、机场、大型旅馆、商店、体育场、影剧院、展览馆、图书馆、医院、旅游场所、商业街等公共建筑附近。其服务半径为100~300米。停车场总面积除应满足停车需要外,还要包括绿化及附属设施等所需的面积(停车场用地估算应包括绿化及出入口连接通道和附属设施等。小汽车30~50平方米/辆,大型车辆 70~100 平方米/辆）。（2）停车场应与医院、图书馆等需要安静环境的单位保持足够距离。（3）公共停车场用地面积均按当量小汽车的停车位数估算，一般按每停车位 25~30 平方米计算。具体换算系数为微型汽车：0.7，小型汽车：1.0，中型汽车：2.0，大型汽车：2.5，铰接汽车：3.5，三轮摩托：0.7。（4）公共停车场的停车位大于 50 个时，停车场的出入口数不得小于 2 个；停车位大于 500 时，出入口数不得小于 3 个。出入口之间的距离须大于 15 米，出入口宽度不小于 7 米。出入口距人行天桥、地道和桥梁应大于 50 米。

（二）机动车停车场的绿地设计

停车场绿化不仅改善车辆停放环境，减少车辆暴晒，改善停车场的生态环境和小气候，还可以美化城市市容。

机动车停车场的绿化可分为周边式、树林式、建筑物前广场兼停车场三类。

1. 周边式绿化停车场

多用于停车场面积不大，而且车辆停放时间不长的停车场。种植设计可以和行道树结合，沿停车场四周种植落叶乔木、常绿乔木、花灌木等，用绿篱或栏杆围合。场地内地面全部铺装。由于场地周边有绿化带，界限清楚，便于管理。对防尘、减弱噪声有一定作用，但场地内没有树木遮阴，夏季烈日暴晒，对车辆损伤厉害。

2. 树林式绿化停车场

多用于停车场面积较大，场地内种植成行、成列的落叶乔木。由于场内有绿化带，形成浓荫，夏季气温比道路上低，适宜人和车停留。还可兼作一般绿地，不停车时，人们可进入休息。

停车场内绿地主要功能是防止暴晒，保护车辆；净化空气，减少公害。绿地应有利于汽车集散、人车分隔、保证安全，绿化应不影响夜间照明和良好的视线。

绿地布置可利用双排背对车位的尾距间隔种植干直、冠大、叶茂的乔木。树木分枝点的高度应满足车辆净高要求，停车位最小净高：微型和小型汽车为 2.5 米；大型、中型客车为 3.5 米；载货汽车为 4.5 米。

绿化带有条形、方形和圆形 3 种：条形绿化带宽度为 1.5~2.0 米，方形树池边长为 1.5~2.0 米，圆形树池直径为 1.5~2.0 米。树木株距应满足车位、通道、转弯、回车半径的要求，一般 5~6 米，在树间可安排灯柱。由于停车场地大面积铺装，地面反射光强、缺水及汽车排放的废气等不利于树木生长，应选择抗性强的树种，并应适当加高树池（带）的高度，增设保护设施，以免汽车撞伤或汽车漏油流入土中，影响树木生长。

停车场与干道之间设置绿化带，可以和行道树结合，种植落叶乔木、灌木、绿篱等，起到隔离作用，以减少对周围环境的污染，并有遮阴的作用。

3. 建筑物前广场兼停车场

包括基础绿地、前庭绿地和部分行道树。利用建筑物前广场停放车辆，在广场边缘种植常绿树、乔木、绿篱、灌木、花带、草坪等，还可和行道树绿带结合在一起，既美化街景，衬托建筑物，又利于车辆保护和驾驶员及过往行人休息。但汽车起动噪声和排放气体对周围环境有污染。也有将广场的一部分用绿篱或栏杆围起来，有固定出入口，有专人管理，作为专用停车场。此外，应充分利用广场内边角空地进行绿化，增加绿植数量。

第二节 城市生态工业园区的建设策略

随着人类社会工业化进程的发展，越来越多的环境问题浮出水面。人们从工业化中得到了巨大的经济利益，但是，伴随着这些利益的是大量宝贵的自然资源和自然环境被破坏。这使得人类面临着经济发展和环境保护的双重压力。

生态工业园区是生态工业的主要实践形式。20 世纪 90 年代，随着生态工业园区概念的崛起以及清洁生产、绿色工业等意识的风行，生态工业园区的研究与实践在北美迅速展开，并取得了长足的进展，其中尤以美国的研究最为活跃和系统。同一时期，毗邻美国的加拿大，生态工业园区的规划也进行得如火如荼。随着生态工业园区试点的经济效益和环境效益不断显现，人们对生态工业和循环经济理念不断深入理解。

一、生态工业园区的定义和类型

（一）生态工业园区的定义

生态工业园区是依据清洁生产要求、循环经济理念和工业生态学原理而设计建立的一种新型工业园区。它通过物流或能流传递等方式把不同工厂或企业连接起来，形成共享资源和互换副产品的产业共生组合，使一家工厂的废弃物或副产品成为另一家工厂的原料或能源，模拟自然系统，在产业系统中建立"生产者—消费者—分解者"的循环途径，寻求物质闭环循环、能量多级利用和废物产生最小化。

（二）生态工业园区的类型

根据园区的产业和行业特点，通常会将生态工业园区分为行业类园区、综合类园区和静脉产业类园区三种类型。

行业类生态工业园区是以某一类工业行业的一个或几个企业为核心，通过物质和能量的集成，在更多同类企业或相关行业企业间建立共生关系而形成的生态工业园区。

综合类生态工业园区是由不同工业行业的企业组成的工业园区，主要指在高新技术产业开发区、经济技术开发区等工业园区基础上改造而成的生态工业园区。

静脉产业类生态工业园区是以从事静脉产业生产的企业为主体建设的生态工业园区。

国内外生态工业研究领域的专家和学者，按照当前的建设状态和园区单元间联系程度的不同，也对生态工业园区进行了分类。

第一，已具有较好生态工业雏形的工业区域或园区。建设重点是在完善已有的工业生态链的基础上，形成稳定的生态工业区。

第二，尚未建成或尚不具有规模的园区。建设重点是以生态工业的理论和方法，指导建设一个新的工业园区。

第三，门类较多、企业数量大的工业区域或园区（如中国的大批国家和地方级的科技园区和经济技术开发区）。建设重点是在这些园区中引进生态工业和循环经济理念，采用生命周期观点和生态设计方法，使产品生命周期中资源消耗最少、废物产生最小、易于拆卸回收，由此优化产品结构，并合理构建和完善产品链，从而提高资源效率，降低环境排放，为园区寻找新的经济增长点，促进园区的持续发展。

二、生态工业园区的基本特征

生态工业园区作为一个独立的工业生态系统，具有其独特的生态性、系统性和可持续性。其基本特征是：

其一，是一个自然、工业和社会的复合体。

其二，通过园区内各单元间的副产物和废物交换、能量和废水的梯级利用以及基础设施的共享，实现资源利用的最大化和废物排放的最小化。

其三，通过采用现代化管理手段、政策手段以及新技术（如信息共享、节水、能源利用、再循环和再使用、环境监测和可持续交通技术），保证园区的稳定和持续发展。

其四，通过园区环境基础设施的建设、运行，企业、园区和整个社区的环境状况得到持续改进。

三、生态工业系统与自然生态系统的区别

自然生态系统是指没有人的参与，不具有目的性的生态系统，而生态工业系统是一个以人为主体的复合生态系统，它与自然生态系统之间还体现出如下许多差异。

（一）生态工业系统是一个以人为主体的社会经济系统

在自然生态系统中，由于特殊物种的入侵或生态环境恶化，超出了生态系统的自调节能力，使得生态系统逐渐走向衰退。生态工业系统则不同，由于该系统是由具有强烈自我意识的人为主体的人工社会经济系统，生态系统中各要素包括

生态因子也都在人的控制之内,所以,当生态环境恶化之后,可以人为地对其进行改善,使生态工业系统改善。例如,政府为了使全社会的经济、环境、社会效益最大化,可以在发展循环经济的全过程,制定相关政策。

(二) 生态工业系统的环境变化的周期短

一般生物面临的是自然环境,从影响生物进化和群落演替的角度来看,自然环境的变化是非常缓慢的。生态工业系统中的主要物种(企业)受自然环境的影响较小,而受社会环境的影响较大。随着科技的发展,自然环境对企业经营成效的影响因素逐渐减弱。造成生态工业系统重大差别的主要是生态工业系统所处的不同于简单生物体的环境——人造环境。企业不但能在其生命周期内通过对环境的主动适应而获得长期生存,而且有可能对其所在环境产生一定的影响,使自己在一定的环境范围内处于有利的地位。当环境发生变化时,企业往往能够较为迅速地做出反应,尽量调节自身的结构,以适应环境的变化。同时,有实力的企业还能对环境产生影响。而生物体对环境的反应只能是被动的,还没有任何一种生物体可以主动对环境在短期内产生影响。而企业则不但处于自然环境中,更处于由人或人的群体构造的环境中。由于构造企业环境的人的生命的有限性和人的活动的有目的性,注定了企业环境变化的周期必然远远短于自然环境变化的周期。

(三) 生态工业系统受双重规律制约

自然生态系统只受到生态学规律的约束。由于生态工业系统是一个开放性的人工系统,有着许多的能量与物质的输入与输出,因此生态工业系统不但受自然规律的控制,更受社会经济规律的制约。人类通过社会、经济、技术力量干预生产过程,包括产品的输出和物质、能量、技术的输入,同时又受劳动力资源、经济条件、市场需求、政策、科技水平的影响,在进行物质生产的同时,也进行着经济再生产,不仅要有较高的物质生产量,而且也要有较高的经济效益。因此,生态工业系统实际上是一个工业生态经济系统,体现着自然再生产与经济再生产交织的特性。

一个生态工业系统内的企业不仅要考虑到原材料是不是使用了其他厂家的废

物而对环境有利，还必须要考虑到生产的产品是否能销售得出去以及销售的价格等，从而对企业的生存与发展有利。一个生态学上合理而经济学上不合理的生态工业系统是无法生存的，市场调节对生态工业系统中企业的"寿命周期"以及整个系统的稳定性起着决定性的作用。所以，一个稳定运行的生态工业系统必然具有经济学原理和生态学原理相结合的特性。为此，人的主动性在提高生态工业系统运行效率方面应发挥积极作用，企业在保证整个生态工业系统的生态效率的前提下追求经济效益，而不能仅仅只为追求本企业的经济效益而损害系统的整体利益。

（四）生态工业系统的生态容量由企业自身与环境共同创造

生物的生态容量是由自然环境所确定的，而生态工业系统的生态容量可以由企业自身与环境共同创造。人能改造环境，可以创造人工材料替代自然材料，对材料进行复用来减少对天然材料的消耗；也可以不断推出新产品来创造新的消费。以技术创新来不断扩展生态容量，使生态工业系统出现新的 S 形增长，并出现新的生态容量或限制因子，实现持续的发展。

（五）生态工业系统的物质流和价值流互为反向

食物链中，一般是由低级生物到高级生物呈现出金字塔的形状，传递的能量逐渐减少，生物数量也逐渐减少。与自然生态系统的物质和能量流随着食物链单向流动的情况不同，生态工业系统中物质流和价值流互为反向，即物质流由商品生产者流向消费者，而价值流由商品消费者流向生产者。生态工业系统的价值链，来自人类自身的需求，其传导质一般是价值流沿价值链传导。

（六）生态工业系统地域性不明显

自然生态系统具有明显的地区性，在自然生态系统中，大多数生物（候鸟等生物除外）是栖宿于某一环境中的，只能利用该地区的生态资源而形成生物群落，因此自然生态群落具有很强的地域性。

而生态工业系统不仅需要发挥自然资源的生产潜力优势，还要发挥经济技术优势。其中的企业只有能同时吸收不同地区最优生态资源进行优化组合,才能取得真正的发展。故企业是跨地区利用企业生态资源,在自然生态条件下,一个地区的生物必须构成特定的生态链。然而,生态工业系统与自然生态系统不同,不是每个地区都存在着特定完整的"上、中、下游"产业生态链,它要求充分利用企业生态资源进行区域分工产生集结性规模经济效应。虚拟型园区可以省去一般建园所需的昂贵的购地费用,避免建立复杂的园区系统和进行艰难的工厂迁址工作,具有很大的灵活性。虚拟型园区的建立不严格要求其成员在同一地区,它是利用现代信息技术,通过园区信息系统,首先在计算机上建立成员间的物、能交换联系,然后再在现实中加以实施,这样,园区内企业才可以和园区外企业发生联系。

(七) 生态工业系统的生态位经常发生变动

生物能够很好地被动适应其所处的环境,而产业组织则主动设法决定自己的生存环境。由此也决定了生态工业系统中企业生态位和自然生态系统中物种生态位的稳定性的差异。企业生态位与生物生态位最大的不同就在于:物种生态位是被动的自然选择的结果,相对来说是比较稳定的,而企业生态位则是主动选择和竞争行为所决定的,且经常发生变动。

(八) 生态工业系统的稳定性、复杂性差

自然界中极少有生物消费者仅仅以一种生物为食,食物网的复杂性决定了一个生态系统的稳定性。

人们为了获得高的生产率,往往会使生态工业系统内的物种种类大大减少,食物链简化、层次减少,致使系统的自我稳定性明显降低,容易遭受不良因素的破坏。如果一家企业的原料来源主要是另一家企业产生的废料,那么当提供废料的企业因无法在该生态工业系统中,或其他偶发因素而影响到生产并因此无法提供足够的废料或无法保证废料的质量时,这家企业就会陷于瘫痪。这种企业间联系渠道的单一性,导致生态工业系统的脆弱性。所以,生态工业系统要维持稳定,企业就要随时警觉自己的原料被其他企业利用的可能性以及选用其他厂家废

料作为自身原料的可能性，并保证这种可能性变成现实且能持续运行。

（九）生态工业系统是物质和能量大量输入的开放系统

自然生态系统中生产者生产的有机物质全部留在系统内，许多化学元素在系统内循环平衡，是一个自给自足的系统。而生态工业系统是人类干预下的开放生态系统，是为了更多地获取工业产品以满足人类的需要。由于工业产品的输出，使原先在系统循环的营养物质离开了系统，为了维持生态工业系统的养分平衡，提高系统的生产力，生态工业系统就必须从系统外投入较多的辅助能，人类必须保护与增殖自然资源，保护与改造环境，生态工业系统要维持稳定和有序，需要外部生态系统不断地输入物质和能量。

四、城市生态工业园区总体设计

依据园区和周边社会、经济和环境现状调查结果及潜力分析结果，参照国内外生态工业的模式，考虑园区的特点和未来发展方向，体现"以人为本"以及社会、经济和环境协调发展的基本原则，遵循循环经济和工业生态学的理念，在考虑园区总体规划和各类发展规划的基础上，依托现有基础和总体规划，考虑区位优势，发挥自然资源和历史文化优势，进行园区总体设计。

根据现状调查与潜力分析结果，采用比较分析法和专业判断法，确立园区的优势产业、行业和企业，进而确立园区的特色产业、行业和企业；培育园区的社会文化、区域经济和生态环境特色，为生态工业规划提供指导。

采用经济评价、技术评价和环境评价的方法，发挥园区的区位优势、资源优势，建设符合工业生态学理念的生态工业园区。

（一）行业类生态工业园区

行业类生态工业园区指行业特点突出的生态工业园区。这类生态工业园区大部分是以某一大型联合企业或几个主导行业的企业为核心，其他企业分别处在核心企业产品或废物链的上游或下游，形成产品代谢或废物代谢链条。设计时可以根据核心企业的物流、能流、信息流分析结果选择原料供应商和新建相关企业。

(二) 综合类生态工业园区

综合类生态工业园区主要是指对现有各类工业园区进行生态改造形成的生态工业园区。这一类园区具有园区内行业种类较多、企业数量多，无明显的核心企业存在，园区内物流、能流关系及企业间的共生关系复杂等特点。对这类园区进行总体设计时需要更多地考虑不同利益主体间的协调和配合，形成以多行业为主体的产业结构。

目前，我国这一类园区数量较多，大多数为已建设开发后的经济技术开发区或高新技术开发区等，这类园区在建设和招商引资时受到经济和政策的限制，往往对构建工业生态链网方面有所忽视。因此，这类园区规划的重点是解决园区内缺乏物流、能流联系，企业间共生关系脆弱等问题。

(三) 静脉产业类生态工业园区

静脉产业类生态工业园区是指以资源再生利用产业为主导行业的生态工业园区。静脉产业与传统的动脉产业不同。首先，动脉产业的资源为一次资源，来源集中，而静脉产业的资源分布十分分散，且每一个供应源仅能供应有限的资源；其次，静脉产业产生污染的环节多，从废旧物品的回收、运输、包装到其拆解、储存、加工、出售等一系列环节都容易产生污染；再次，废旧物品是多种物质紧密的混杂，分离困难，再加上拆解加工方式原始落后等原因，静脉产业生产的环境风险较大。

由于静脉产业具有以上特点，静脉产业类生态工业园区在总体设计中应体现"环境安全"的原则，重点要强调环境监管，避免园区的发展和建设对生态环境造成的不良影响。通常以废旧产品和废弃资源拆解、利用为核心的静脉产业类生态工业园区内，集中了数量较多的废旧资源深加工利用（例如，废金属冶炼、废塑料熔造等）企业，总体设计中需要谨慎考虑环境污染问题，避免造成工业集中、污染集中的局面。从基础设施上看，静脉产业类生态工业园区需要有配套的危险废物处理中心或在已建成的危险废物处理中心附近建设。

五、城市生态工业园区第二产业行业生态工业规划方法

（一）主要行业产品链设计

在工业生态系统中，下游生产过程或生产环节以上游生产过程或生产环节的原料产品作为输入，形成下游生产过程或生产环节的产品，以此类推构成了一条产品链。随着产品链的延长，初级产品实现了价值的逐级增值。产品代谢和由此形成的产品链也是生态工业的重要特征之一。

通过融入生态设计理念，综合考虑产品生命周期不同阶段可能的环境影响，构建基于产品代谢的产品链，延长产业链，并制定诸如延伸生产者责任和产品导向的环境政策等措施，以实现初级或原料产品的价值增值和废物环境影响的最小化。

在主要行业产品链设计中，要运用产品代谢理论对园区每个行业的特点和产品结构逐一进行分析，分析其产品流特征，以产品流为主线，实现原材料—初级产品1—初级产品2—初级产品3……最终产品的产品链设计。基于产品代谢的产品链规划和设计应以园区内核心企业或主要生产过程为依托，运用产品代谢原理寻找和识别具有补链功能的下游生产过程或生产环节，以核心企业产生或主要生产过程的原料产品链接上下游生产过程或生产环节形成产品链，实现原料产品的最优组合，优化产业资源配置。

产品链设计要以产品性能改良、环境友好、识别和寻求提高产品价值增值途径为目的。

（二）主要行业废物链设计

在产品制造、运输、分配、消费及至回收、循环利用、处置等产品生命周期的每个阶段，均须投入一定的物质和能源并可能产生不同类型和特征的废物。显然，这些所谓废物如果排放、弃置，会造成环境污染，同时也造成资源浪费。因此，一方面要注重产品生态设计和清洁生产，减少废物产生量；另一方面，要根据废物资源的特性构建不同类型特点的废物链，以实现废物资源化和循环利

用，提高资源生产率。废物链设计的意义就在于能够为企业的废物管理提供依据，以实现废物资源化、减量化，减少环境影响，提高资源综合生产率。

废物链的设计过程主要表现为：以废物流为主线，为了消除上一个生产过程或生产过程中产生的废物对环境的影响，提高资源生产率，将上一个工艺过程或生产过程中所产生的废物作为原材料输入到下一个生产过程，再次形成产品和废物，废物作为原材料再次进入下一个生产过程，直至最终处置、排放。这样，工业生态系统中就形成了一条废物链，或废物流，即原材料—废物1—废物2—废物3……最终处置、排放；随着废物链延伸，初始输入的原材料的利用率不断提高，同时消除了上一个生产过程中产生的废物对环境的影响。

基于废物代谢的生态工业链的设计首先要对废物进行生命周期评价；其次，寻找、识别和筛选能够利用相应废物类型的下游企业或项目，通过招商途径引入园区，从而构成以废物资源利用为主线的废物链；然后，要制定相应的利税优惠政策和引导措施，确保以废物代谢为主的工业生态系统的良性运转。

六、城市生态工业园区资源循环利用和污染控制规划方法

（一）固体废物循环利用规划方法

1. 企业工业固体废物产生量预测

采用实测、排污系数法和统计调查相结合的方法，分别计算园区内企业一般工业固体废物和危险废物的种类、产生量、处理处置方式、综合利用现状等；工业生态系统的建设对各类固体废物种类和产生量的影响。

2. 生活垃圾量预测

主要采用排污系数法，预测内容包括居民小区、农村、机关事业单位、医院、餐饮服务业等行业的生活垃圾的产生量。

3. 影响园区固体废物资源化效率提高的因素分析

园区固体废物资源化率的提高受到多种因素的影响。可通过以下几方面进行分析：（1）进行比较分析，对园区内主要固体废物的资源化率与其他同类型园区

进行对比,或同全国平均水平进行对比,发现差距。(2) 分析园区内主要固体废物资源化率达到全国平均水平时,园区已有的消纳能力是否能满足要求。(3) 计算和分析通过减量化、再利用和资源化过程后,在现有技术水平下,园区最终需处理和处置的固体废物量,从而确定园区固体废物处理处置设施需求。

4. 固体废物减量方案和资源化途径

通过对园区固体废物种类、产生量和国内外现有资源化技术的经济可行性分析,确定园区固体废物减量和资源化的方向和重点。

(二) 水资源循环利用规划方法

通过对水资源利用的调查及潜力分析,规划园区水资源保护、水资源开发利用、节水方案与措施,制定可行的提高水资源效率的规划目标。

1. 水资源需求预测及供求平衡分析

(1) 水资源需求预测

利用单位工业增加值耗水量递减法预测园区规划近期、中期和远期工业用水需求量,利用系数法预测园区居民生活用水需求量。

(2) 水资源供求平衡分析

从用水资源总量、总供水能力和水资源需求量角度建立园区规划近期、远期水资源供求平衡。

2. 节水潜力分析

从水资源价格、水资源量和水源地水环境质量等几方面,通过比较分析,对园区工业用水量、生活用水量、单位工业增加值用水量和人均生活用水量等指标与同类型园区和全国平均水平进行比较,从生产和消费等方面发现园区节水潜力。

3. 节水方案

以减量化、再利用和循环利用为原则,重点考虑园区企业内部、企业之间以及生活水、城市污水的综合利用。

节水方案包括生产和生活用水减量和废水的循环使用两大部分。

废水的循环利用就是将排放的废水进行处理后用于某些用水单元或将废水直接用于某些用水单元,减少新鲜水的使用量。废水的循环利用是减少废水排放的重要途径。废水的循环利用又可分为厂域和区域两个层次。

厂域循环利用是指废水在企业范围内的循环利用,包括原位再生和厂内梯级利用。原位再生是相对于集中处理而言的,是分散处理的一种方式,是在废水产生原地(通常指车间)将废水进行再生处理成原生产用水并加以利用的过程。原位再生在车间口单独处理,污染物单一,容易将污水处理成符合生产过程要求的工业用水。

厂内梯级利用是将企业排放的废水进行处理后用于企业内某些用水单元或将废水直接用于企业内某些用水单元。企业内多种废水混合后处理成生产用水成本很高,在经济上不合理。混合后的废水经企业污水处理厂处理后,排水水质可以达到中水水质,可以用于生活杂用水、绿化用水等对水质要求不高的用水部位。

区域循环利用是指废水在园区或更大区域范围内的循环利用,包括集中再生和区域梯级利用。集中再生是相对于原位再生而言的,是将收集后的污水集中处理,成为供水水源的过程。

区域梯级利用是将排放的废水进行处理用于区域内的其他企业或公共设施,或企业排放的废水直接用于区域内的其他企业。在区域范围内,水的循环利用或梯级利用可以在企业之间、企业污水处理厂排水与企业、城市污水处理厂与企业之间实现。同时,还可以考虑将企业污水处理厂和城市污水处理厂的排水作为公共设施用水,如景观用水、绿化用水、生活杂用水、河道观赏用水等。通常从以下几个方面提出符合园区水资源利用和废水排放特点的废水循环利用措施:第一,完善的循环水系统,实现原位再生;第二,水分质利用,实现厂内水梯级利用;第三,多次用水,实现原位梯级利用;第四,工业废水处理,实现企业内集中再生回用;第五,生活用水回用。

(三)大气污染控制规划方法

就污染物来源、可控性、工程、措施等提出有针对性的分析和规划方案。规划中重点考虑的污染因子包括:SO_2、PM_{10}等。

1. 企业大气污染物排放分析

采用实测与排污系数法相结合的方法，计算企业因能源需求而造成的大气污染物及温室气体的排放总量。通过企业清洁生产审核，减少能量浪费。

2. 生活能源需求及温室气体排放量分析

主要采用排污系数法，预测内容包括居民小区、农村、机关事业单位、医院、餐饮服务业等行业的生活能源需求及温室气体的排放。

3. 交通运输业的能量需求与污染物排放量分析

采用实测与排污系数法对交通运输业的能量需求与废物排放进行估算。

4. 影响园区大气质量的因素分析

园区大气质量受到多种因素的影响。在进行分析时，可参考大气污染源调查及评价，大气污染预测等有关内容。影响因素的分析最好能做到定量。定量分析步骤如下：（1）进行类比调查，查清园区内重点行业中重点企业的相关指标与同行业平均水平的差距，或与有关指标原设计能力的差距。如调查园区内重点行业中重点企业环保设施除尘效率、能源结构、净化、回收设施处理能力等与同行业平均水平的差距等。（2）计算园区内重点行业中重点企业各项指标达到行业平均水平，或原设计能力时，所能相应增加的污染物削减量。（3）计算和分析各项指标在平均控制水平下的污染物削减量比值，从而确定主要的影响因素，或根据法律、法规、政策及国家和地方标准的要求，计算各项指标满足园区所在区域要求时污染物的削减量，从而确定主要的影响因素。

5. 减排方案

通过对大气质量影响因素的综合分析，明确影响大气质量的主要因素和目前在控制大气污染方面的薄弱环节。在此基础上，以加强薄弱环节、控制环境敏感因素为原则，确定园区大气污染综合整治的方向和重点。

例如，影响大气质量的重点是居民生活和社会消费活动（主要是面源）以及工业生产燃烧过程的降尘效率，那么今后大气污染综合整治的方向和重点就应该从普及清洁型煤、集中供热、煤气化、强化管理、提高除尘效率等方面考虑。如果影响大气质量的重点是气象因素和工业生产工艺过程，那么今后大气污染综合整治的方向和重点就应该从如何结合工业布局调整,合理利用大气自净能力和加强工艺技术改造,提高处理设施运行处理能力,强化工业尾气治理和管理等方面考虑。

通过对大气污染综合整治方向和重点的宏观分析,可以避免制定大气污染综合整治措施中没有重点或抓不住重点的弊病,并可为系统分析、整体优化大气污染综合整治措施提供条件。

(四)水污染控制规划方法

就污染物来源、可控性、工程、措施等提出有针对性的分析和规划方案。规划中重点考虑的污染因子包括:COD、氨氮、重金属及园区特征污染物等。

1. 工业废水污染物及产生和排放量分析

采用实测与排污系数法相结合的方法,分别分析和计算园区核心行业或主导行业工业废水产生的排放量,分析和评价园区主要的水污染物种类、产生和排放量、主要的治理技术和方式。

2. 生活污水产生和排放量分析

采用排放系数法及排放减量系数法分析企业、居民小区、机关事业单位、医院、餐饮服务业等的生活污水产生和排放量。

3. 水环境质量分析

根据水环境功能区划,分析园区所在区域的水环境质量现状,规划近期、中期和远期达到的目标。

4. 园区水污染的特征和影响因素分析

根据相关的污染物排放标准和水环境质量标准、区域环境容量、水污染物总量控制要求、污染治理设施能力及运行状况等等,对园区水污染的产生及排放对水环境影响特征进行分析。通过与同类园区和全国平均水平的比较,评价工业废水产生和排放量、生活污水排放量、主要污染物产生和排放量、单位工业增加值废水产生和排放量、人均生活污水排放量、单位工业增加值主要污染物产生和排放量等现状和趋势,确定园区水污染控制的重点和方向。

5. 园区水污染控制措施

分别从企业层面和园区层面，提出水污染物的预防和控制措施。

(五) 能源利用规划方法

1. 企业能量需求与废物排放预测

企业的生产工艺决定了其所需能量的种类与需求量，能源利用规划应充分满足企业的能源需求。根据企业对能量、能位的不同要求，合理规划一次、二次能源的使用总量，尽量减少高能位能量的使用，通过企业清洁生产审核，减少能量浪费。

2. 企业内、企业间和区域间的能量阶梯利用及其交换网络

通过能量品位的逐级利用提高能源利用效率。在园区内根据不同行业、产品、工艺的用能质量需求，规划和设计能源梯级利用流程；通过清洁生产审核，分析企业、社区内不同能位的能源需求，制订园区能量梯度利用计划；鼓励企业利用自身的低位能量向周围单位提供能量，规划能量供应的网络。

七、城市生态工业园区保障体系构建原则和方法

(一) 保障体系构建的原则

在园区现有的管理、产业、社会、生态环境的基础上，借鉴国内外相关领域的经验，根据国家有关的政策、法规、法律，与园区的组织管理者合作，构建一个多层次的生态工业园区保障体系。

(二) 保障体系构建的方法

其一，决策方式从线性思维向系统思维的转型；

其二，生产方式从个体工业向建立生态工业链条转型；

其三，生活方式从物质文明向生态文明的转型；

其四，思维方式从个体经济人向群体生态人的转型，扩大公众参与面。

第三节　生态城市下的城市更新

城市更新在我国是一个老生常谈的问题，从最早的棚户区改造、环境治理，到旧区改造，再到中心区的综合改建，乃至现阶段面临的集约发展和功能提升等。在新的挑战下，北京、上海、广州、南京、深圳、沈阳、厦门等许多城市根据各自的特点和面临的不同问题，开展了大胆的探索与实践。

一、城市更新的基本概念

（一）城市更新的内涵

所谓城市更新，是指对城市中某一衰落的区域，进行拆迁、改造、投资和建设，使之重新发展和繁荣。它包括两方面的内容：一方面是客观存在实体（建筑物等硬件）的改造；另一方面为各种生态环境、空间环境、文化环境、视觉环境、游憩环境等的改造与延续，包括邻里的社会网络结构、心理定式等软件的延续与更新。随着科学发展观的提出，城市更新在城市发展中越来越具有重要作用。城市更新的作用便是从综合工程、科学规划的角度研究如何改造旧市区，以推陈出新之法维护城市生态平衡，综合解决城市发展问题，实现城市的可持续发展。

自人类开始在城市里居住以来，就有了"城市更新"活动。在中世纪时（476年西罗马帝国灭亡到1640年英国资产阶级革命），由于火灾的频繁发生，木结构建筑及黏土茅舍不得不一再重建，出于这种情况，用石头建造房屋及道路结构网格化便成为趋势。18世纪的产业革命导致了世界范围的城市化。在工业化发达的国家和地区，大量人口拥入城市促使城市规模扩大，导致欧洲许多城市急剧扩张，于是，拆除中世纪城墙、修建城市环路、建设新城区成为许多城市的普遍选择。

城市的盲目发展使城市出现了一系列的问题：交通拥挤、人口密集、环境污染、土地紧张等，特别是20世纪中期以后，许多国家的城市基础设施遭到毁灭性破坏，一些大城市中心地区的人口和工业出现了向郊区迁移的趋势，原来的中心区开始衰落。为了复兴城市经济，改善城市不良环境，欧美各国率先展开了大规模的"城市更新"运动，"城市更新"作为专有名词才开始在城市研究领域出现，并由此建立了新兴的社会工程学科——城市更新学。城市更新是城市飞速发展的中间过程，是城市新陈代谢的有机功能。

城市更新是一种将城市中已经不适应现代化城市生活的地区做必要的、有计划的改建活动。其目标是针对城市发展的过程中的城市退化现象而采取有意识的干预措施，解决城市中影响甚至阻碍城市发展的各方面的城市问题，使城市新陈代谢再次发生的行为，是城市综合本质内涵从解体到改体的社会过程。其最大特点是相对于旧有模式的经验性，由于有意识的干预、新因素的介入刺激城市内涵迅速做出反应，并将其吸收融合到自身肌体中去。

城市更新包括物质性更新与非物质性更新，两者关系密切，前者多表现为具体城市发展项目规划，后者更注重城市的战略发展计划。

(二) 城市更新的主要内容

城市更新的内容主要有以下几个方面：

1. 城市产业结构调整与主导产业选择

通过对未来产业发展趋势、现状优势产业及产业结构及演变趋势、现状优势资源的分析，确定未来主导产业和产业结构。

2. 城市性质与功能定位

通过产业体系研究结论、城市功能演变趋势、区域对地区的城市功能定位，以及针对地区本身发展的要求所做的综合分析，确定未来城市性质与功能定位。

3. 确定城市人口适宜性规模

从多个角度综合确定地区的适宜人口规模和弹性浮动范围。

4. 确立城市开发强度

在人口规模指导下，以高、中、低三个方案确定城市综合开发强度，并提出不同方案顺应城市建设门槛的不同要求。

5. 对城市空间形象进行定位

对城市空间形象进行定位包括确定地区区域城市形象和城市空间形象两个方面内容。

6. 城市用地布局与结构调整

结合产业结构调整及功能定位调整结论，确定城市主要类型用地比例调整对策。

7. 道路交通系统更新

考虑到道路交通问题的严重性以及未来的重要性，在基础设施更新方面重点研究道路交通系统更新，具体提出更新目标和分项、分区和分期更新对策。

8. 城市文化更新

从城市软、硬两个文化角度提出文化更新的对策。

9. 城市更新实施的措施与建议

从政府角色、城市更新模式、资金投融资等方面提出若干保障城市更新最终实施的若干措施建议。

以上每个部分都包括多元化目标的选择以及应对每个目标的可能的对策。

（三）城市更新的要素

世界上任何国家的城市更新都有一些共同的特征，都包括了一些共同的基本要素，如城市更新的主体、城市更新的对象、城市更新的目的、城市更新的过程、城市更新的评价标准等。

1. 城市更新的主体

在城市更新过程中，城市政府、投资开发和施工企业、原住机构和市民是主要的参与者或涉及者，他们在其中扮演着不同的角色，正确处理好相互之间的关系，对于整个更新过程起着至关重要的作用。政府又可以分为一级政府和政府具体职能部门，在城市发展中它是城市更新的主导者，在目前来看负责城市更新规划的制定、实施及对于开发商具体工作的监督等；在具体的城市更新过程中，开发企业分化为产权拥有方、承包商，它负责城市更新的具体实施工作，并力图使盈利最大化；随着自身参与意识及能力的提高，市民也逐渐成为城市更新的重要参与者，他们通过各种手段向政府及开发商施加压力，使城市更新向着对自身更加有利的方向发展。此外，原住机构、原著居民、新进入者和一些非营利社团，在城市更新中利益追求差别极大，有时是对立的。

2. 城市更新的对象

城市更新的对象一是直接的、有形的，即物质形态上老化、结构缺陷和功能衰退或损毁的市区建筑设施；二是间接的、无形的，即邻里关系、社区网络、空间视觉、人文环境等。

城市作为人类社会现代文明的重要标志，不仅具有物质上的形态美感，还通过其结构、功能发挥着基础作用。一个现代化的城市不仅能够满足本地居民的基本生活要求，还能够吸纳接受更多的人力资源等各种要素流入城市，促进城市更好、更快的发展。城市更新所针对的"老化市区"，并不单纯指城市硬件的老化，比如建筑物的破旧、棚户区的存在、城市基础设施不完善，还意味着城市功能的衰退，包括城市更拥挤、不能提供足够的就业机会、市民的生活水平得不到提高、城市文教卫生发展缓慢、政府信任度不高、投资环境差等等。

3. 城市更新的目的

从整体上讲，城市更新的目的是提高城市的竞争力和城市整体社会福利。吸引资源、引进外来资本和人才的根本目的是发展城市，提高物质文化生活水平，实现城市整体社会福利的提高。城市更新是提升城市竞争力的有效手段。

随着我国加入世贸组织和经济的全球化、世界的一体化，城市之间的竞争愈演愈烈，我国的城市发展也面临着前所未有的挑战。"如何提升城市竞争力"已经被城市领导者列入政府的重要议程，并积极展开讨论、采取了相应对策。各地城市发展不平衡的现象，本质上就是城市竞争力的差异。竞争力强的城市，不仅会获得更多的稀缺资源，而且会优化配置这些资源，提高资源的利用率，培养出更多的有竞争力的产业部门和企业，为市民提供更多的获得知识和就业的机会，为市民提供更多更好的社会保障和社会福利。

反之，一个缺乏竞争力的城市，将在激烈的竞争中趋于衰落以至于在经济社会新环境中被淘汰出局，企业外迁、人才外流、资本撤出、资源流失，从而错失发展机遇。

城市更新对于城市硬件和软件的更新，进行旧城改造、完善基础设施、改善生态环境、提供优质公共服务、倡导自由，就是为了不断提高城市提供服务的能力、获取并转化资源的能力、提供高品质生活的能力等，在满足本地市民需求的同时，不断吸引外来人才、资本、技术、企业等资源的流入。但所有发展的手段，最终是为了城市整体社会福利的提高。

4. 城市更新的过程

城市更新是一个漫长时期的持续过程，不是一个简单的结果。城市更新是城市发展的过程。城市发展包括两层意思：城市化和城市现代化。城市化是农业社会转化为工业社会的过程，是工业化的产物和过程伴生物，是农村人口转化为城市人口以及资源向城市集中的过程；城市现代化既是城市基础设施现代化，又是城市管理、制度、服务和文化的现代化。

城市设施即城市硬件的现代化无疑要靠城市更新来实现。一是城市规模和现有建筑设施成为城市更新的基础；二是城市现有物力财力是城市更新的物资限制；三是城市发展具体需求和城市人口规模增长是城市更新的一般动力。因此，城市更新必须与城市的扩展、经济发展水平、财力物力等相适应，特别是要与城市发展和人口规模相适应，即城市更新必须是缓慢持续的一个过程，是多代人的接力延续，不可能也不应该在短期内追求大规模，寄希望于几年间城市旧貌变新颜。

5. 城市更新的评价标准

从客观物质实体看，城市更新的核心是效率即损毁消耗最少的物质文化财富，最大限度地实现城市发展和社会福利的提高。评价一个城市更新项目，不仅要看城市建设了什么，城市面貌改善了多少，更要看城市为此失去了多少，付出了多少，损毁了多少现有财富，即综合的经济成本、社会成本、政治成本和文化成本。

从社会内容方面看，城市更新的核心是利益公平，合理调整城市各阶层社会群体的利益，让相关的各社会群体都能分享到城市发展进步的成果。城市现代化，城市发展和城市进步的文明成果，是整个城市民众乃至全体民众努力劳动的结果，是整个社会经济技术发展的结晶，理应由广大民众分享。城市更新不应成为促进贫富分化的手段，更不应成为一部分人剥夺另一部分人、一部分人驱赶另一部分人的工具。"驱贫引富"和两极分化都是城市更新根本目标的偏离。

从社会发展现实性看，城市更新必须实现扩大就业。就业是绝大部分社会成员谋生的基本手段，是改善物质生活和促进身心健康的条件。特别是在我们国家，人口和就业的压力世界空前，一是农村分离出的人口主要向城市聚集，靠城市发展吸纳就业；二是城市人口以及城市更新分离的人口也主要靠新就业机会谋生。因此，城市更新必须与就业相联系，必须促进、扩大就业，绝不能为城市更新而更新，更不能以一时的国民生产总值的增长为目的。

城市更新不仅仅是城市发展的过程反映，它也是一种产品。它是城市相关利益主体相互博弈、相互努力，共同生产的一种城市产品，从物质和精神方面，它代表了一个城市的特色、文化和历史。

二、城市更新与旧城保护

（一）城市更新对旧城历史文化遗产保护的原则

1. 原真性

要保护历史文化遗产，就要保护它所遗存的全部历史信息，整治要坚持"整旧如故，以存其真"的原则，维修是使其"延年益寿"而不是"返老还童"。修补要用原材料、原工艺、原式原样以求达到还其历史本来面目。

2. 整体性

一个历史文化遗存是连同其环境一同存在的，保护不仅是保护其本身，还要保护其周围的环境，特别对于城市、街区、地段、景区、景点，要保护其整体的环境。这样才能体现出历史的风貌，整体性还包含其文化内涵、形成的要素，如街区就应包括居民的生活活动及与此相关的所有环境对象。

3. 可读性

是历史遗物就会留下历史的印痕，我们可以直接读取它的"历史年轮"，可读性就是在历史遗存上应该读得出它的历史,就是要承认不同时期留下的痕迹,不要按现代人的想法去抹杀它,大片拆迁和大片重建就是不符合可读性的原则。

4. 可持续性

保护历史遗存是长期的事业,不是今天保了明天不保,一旦认识到、被确定了就应该一直保下去,不能急于求成,我们这一代不行下一代再做,要一朝一夕恢复几百年的原貌必然是做表面文章,要加强教育使保护事业持之以恒。对于历史建筑历史街区,不能像文物器件那样博物馆式保存,人要生活下去,就有生活现代化和历史环境的协调,这也是历史遗存可持续发展的问题。保护古城不仅是为了保存珍贵的历史遗存,重要的是留下城市的历史传统、建筑的精华,保护这些历史文化的载体,从中可以滋养出新的有中国特色的建筑和城市来。

(二) 旧城保护与更新的主要途径

"保护"是一种使城市和谐、持续发展的概念。欧洲国家的大量实践表明,那些他们尽心竭力保护的历史文化遗产和环境正在成为他们最宝贵的财富,成为城市的生命之源、魅力之源。但"保护"绝不代表维持不动,作为一个现代城市,只有历史的记忆而没有现代功能是难以为继的,科学技术的飞速发展、信息化社会的生产生活方式以及漫长的时间磨砺等因素,已经使许多古老区域在结构和功能上都无法适应今天的要求,如房屋老化、设施陈旧、结构失衡、功能衰退、发展迟滞等,这些物理性、结构性和功能性的不适正在造成城市发展轨迹的断裂,因此对其进行更新改造是十分必要的。问题的关键是新的建设如何统一于城市业已存在的环境中,如何在继承和弘扬城市既有肌理与历史文化遗产的同时,赋予其新的时代精神与功能,使之适应城市当前与未来的发展。在经历"大拆大建"的失败后,欧美国家对旧城更新采取了更加明智和审慎的态度,并在实践中逐步摸索出四种途径(4R 模式),即重建(Reconstruction)、整治(Rehabilitation)、开发利用(Redevelopment)和整体保护(Reservation)。

1. 重建

尽管大规模"推倒重建"式的城市更新曾因对旧城的严重破坏而广受诟病,然而有限度地"重建"仍然是旧城更新的重要手段。重建模式主要应用于那些因为功能不适应而造成土地闲置或基础功能严重损毁,已经不具有保留价值或保留条件的城市地区或建筑单体。重建的目的是去旧立新,使这些地区的城市空间重新焕发活力。虽然对这些地区的改造是对原有大多数城市要素的去除,并代之以新的城市要素,如对残旧建筑物或基础设施的拆除重建等,但这并不等同于对城市历史肌理的彻底消除。相反,重建或新建建筑必须注重对城市原有历史肌理和文化特色的传承,并注意保持与周围环境的整体和谐。

2. 整治

从城市更新角度看,很多历史性地区或历史性建筑的要素可以被一分为二:一方面在整体结构上尚可使用,仍在继续承担一定的城市功能;另一方面其内部因素已经出现某种不适。"整治"是借助现代技术和手段去除不适因素、增加现代功能、提升环境品质的过程,如对残旧建筑物进行必要的保养和维修,以防止其老化;或根据发展需要,对旧城结构进行或多或少的改变等。旧城整治必须同时考虑两个因素:优化城市生活和维护城市特色。

3. 开发利用

"开发利用"强调对旧城区的活化和再利用,因为历史文化环境作为一种独特的资源是不可再生的,却是可开发利用的。特别是对于那些有着悠久历史的城市来说,历史文化的痕迹往往无处不在。要使这些珍贵的历史文化遗产真正成为现代生活的一部分,绝不能只是简单地把它们放进玻璃罩中保护起来,而是要考虑如何更好地去利用它,如何采取丰富多彩的形式发掘出它应有的价值。而这本身也符合城市可持续发展的要求,毕竟保护只是手段,发展才是目的。

英国是旧城再开发和再利用的典型,其《2000年英国城市改造白皮书》明确提出:循环利用和可持续发展是旧城保护与改造的核心。作为老牌的工业化国家,英国在工业化结束、产业转型之后留下了大量的废旧工业用地和建筑。但政府在城市更新中对这些地区和建筑没有采取简单的推倒重建,而是通过内部改造和开发利用赋予其新的功能。

如伦敦重要的金融区和购物区金丝雀码头,是由凋敝的东伦敦港口区改建而成,现已发展成为能够与金融城一较锋芒的新兴CBD;而颇负盛名的泰特现代美术馆,前身则是位于泰晤士河畔的旧发电厂,经改建开发现已成为经常展出毕加索、达利、莫奈等大师作品的先锋艺术馆。

英国第二大城市、被誉为"工业革命摇篮"的伯明翰，在其运河（工业革命时期的交通命脉）两岸遗留了众多老工厂、老仓库、老码头、老港口，这些厂房、仓库和斗牛场、牙买加甜酒行、老穆尔街火车站等承载着伯明翰历史的古老建筑一起，在旧城更新中得到重新开发利用，摇身一变成为现代化的音乐厅、文化会展中心、酒吧、餐馆等，而红砖、拱桥、大坡度屋顶、高大的砖砌烟囱等建筑外形却被作为重要的文化符号和景观标志保存了下来。

英国第二大商港利物浦，虽然至今仍在码头区保留着灯标、铁锚、绞缆机、修船的铁架等昔日码头繁忙的场景，但其废弃的船厂、仓库等已被改造成为利物浦保护中心、博物馆、咖啡厅、酒吧、商店等，成为游客感受和体验英国港口工业历史的休闲观光地。

4. 整体保护

"整体保护"是旧城保护的最高级别，其对象一般是那些具有特殊历史意义、文化价值或美学特征的历史街区。历史街区又称历史文化地段，是指在城市历史文化中占有重要地位，代表城市文脉发展和反映城市地方特色的地区。其判别标准一般包含三个要素，即历史真实性、生活真实性与风貌完整性。

历史街区是城市历史文化的载体，是一种重要的文化类型和文化资源，对它们的保护应是包括原住民在内的建筑环境、文化环境与社会环境的整体保护，其意义远超过对个体历史建筑或环境的保护。整体保护的首要目标是在保护历史街区风貌完整性的基础上，改善其居民的生活条件，并保持其发展活力，使这些历史街区成为继续"活着的城市"，而非了无生机的"城市博物馆"。

除了历史街区，"整体保护"有时也会被运用于整个旧城，对旧城的整体保护往往适用于那些年代悠久、具有丰富历史文化资源的城市。如罗马很早便以政府立法形式对其罗马古城的帝国大道、罗马市政厅、万神庙、古罗马斗兽场、君士坦丁凯旋门等文物古迹、历史建筑、城市风貌等进行整体保护。而城市的发展需求和现代功能，则由在罗马古城附近修建的新城——"新罗马"承担起来。罗马这种保护旧城、发展新城的做法，有效解决了发展与保护、现代与传统的冲突，被世界许多城市效仿。

在上述"4R"模式中,"重建"是一种耗资最大和最激进的方法,一般只适用于城市中遭受严重破坏或者基础功能已经丧失的地区。但无论欧美国家还是我国,这种"大拆大建"式的旧城更新都曾对城市造成"不可逆"的破坏,因此在实践中这种方法需要谨慎用之。与重建相比,整治、开发利用、整体改造这些方法往往能够以较少资金取得更好效果,同时还可减少因拆迁安置等带来的社会问题。然而,城市更新是一项复杂的系统工程,在实际操作中,往往需要多元途径才能达成目标,因而整治、开发利用、整体保护等手段常常被综合使用,只是根据实际情况其侧重点有所不同而已。

三、城市更新与生态环境

(一) 城市更新对城市生态环境的影响

城市更新,尤其旧城改造过程,各个物质元素在空间场所、数量、质量等方面发生了很大的变化。如旧城中由于经济功能、产业结构的演进,其经济生产结果与以往截然不同,并带来和引发了交通网络、人口分布、信息利用等各个方面的变化。总之,原有城市中的生态系统在物质生产、物质循环、能量流动、信息传递方面都有了新的形式和特点,并对原有城市生态环境质量产生了一系列影响,主要体现在以下三个方面。

1. 自然环境质量

自然环境质量是指一定空间区域内的各类自然环境介质(包括气、水、土和生物要素)素质的优劣程度。优、劣是质的概念,程度则是量的表征。具体说,自然环境质量是指在一个具体的环境内,环境的总体对人类的生存和繁衍及社会经济发展的适宜程度。自然环境质量的变化和变迁是城市更新最明显的作用和效应。从理论上说,城市更新应针对导致旧城自然环境质量低、提高绿地比重等,以提高旧城区整体的自然环境质量。然而,中国不少城市更新和改造的结果却并非如此。有关资料表明,中国不少城市在城市更新中由于片面追求经济效益,追求过高过密的开发强度,不仅给交通、基础设施带来压力,而且还侵蚀了必要的开阔空间和绿地,并给日照、通风、防火、抗震和防灾带来隐患,使整体环境质量下降。环境质量的改善和提高是建立在有形的物质基础上的，当在城市更新过程中破坏了环境质量提高所必须的物质条件，降低建筑容量、降低人口密度、提高绿地指标等后，旧城环境质量的下降就不可避免了。总结城市更新的经验，过高过密的开发强度是导致旧城生态环境质量下降的主要原因之一。

2. 生态景观质量

广义的城市生态环境质量还应包括生态景观质量。城市更新是一项人工性、物质性很强的过程。在这一过程中，对旧城景观的结构、机能及场所都产生了不同程度的影响。景观的结构是指物质景观要素的物理特征（数量、比例、多样性、稳定性和视觉特征等）及分布状况。机能是指景观要素通过相互之间关系所发挥的作用。场所是景观要素存在与发挥作用的基质。城市更新过程中，由于人们的拆旧、建新活动，破坏了原有的景观要素的结构，并因此使景观的机能和其所作用的场所发生变化，并最终导致景观质量的变化。其中改造的观念（指导思想）、速度、规模、标准及规划设计等因素的作用，是造成景观质量变化的主要原因。在许多情况下，城市更新的景观效应并不都是向好的方面转化，而是因各种主客观因素的作用，朝正反两个方向发展的可能性。

虽然城市更新的规划设计水平也在一定程度上影响了景观质量，然而与建设改造观念、改造标准、改造规模、改造速度等因素比较起来，规划设计水平毕竟是一个次要的因素。因为，巧妇难为无米之炊，在包括改造观念、改造标准等方面缺乏科学性、合理性的情况下，规划设计对旧城景观质量所起的正向作用是有限的。

3. 文化环境质量

保持和塑造城市特色是当前城市规划界关注的热点之一，也是评价城市规划和城市建设基本的准绳之一。城市特色既要由城市的自然背景因素及自然环境因素来反映，又要由城市文化内涵即文化环境质量来体现。提高城市更新中的文化环境质量由两方面来保证：其一是要在城市更新中保护城市的历史文化环境（包括地方风格和传统特色），城市的历史文化环境是城市的宝贵财富，保护历史文化环境不仅可以大力弘扬民族文化，体现城市发展的延续性，而且也具有潜在的经济价值，即由于其反映了城市的特色，提高了城市的知名度，从而促进了旅游事业和第三产业的发展。保护旧城的历史文化环境质量要有整体的思考，在许多情况下，旧城的历史文化环境具有无价（不可恢复）的特点。如据有关资料报道，沈阳市在旧城改建中拆除了明代方城内大部分建筑，使清太祖努尔哈赤的宫殿藏身于现代的混凝土建筑丛林中，失去了"一朝发祥地，两代帝王城"的风貌。其二是保护旧城的社会环境的延续性和完整性，城市更新过程中，推倒重来的建设行为导致了旧城原有社会功能的变迁和社会人文环境的异化，有些城市的旧城（特别是大城市中心区）的功能过多地安排商业、金融、娱乐、办公写字楼，而将居住和其他功能统统挤出了城市中心，使整个中心区成为一个大商城。这既造成了钟摆式交通，与国际上发达国家提倡中心区土地的多种使用途径，强调发挥旧城中心区综合功能和城市整体活力的趋势不相符合，同时又破坏了原已形成的社会群体和社会网络，不利于完善城市的社区结构，也在一定程度上不利于社会稳定。

（二）城市更新中生态环境建设的理论基础

推动生态环境建设，要以生态学思想和理论作为指导，用生态的改造手段，以旧城的生态环境质量提升为目的，开展城市更新的生态环境建设。

城市更新的生态环境建设其理论基础涉及城市生态学、生态经济学、生态工程学、恢复生态学和景观生态学等多个学科的内容。其中，城市生态学研究以人为中心的富含生态系统，以城市生态学理论为指导，可以深化对城市环境问题的认识，统筹解决城市更新中的社会、经济、环境、文化问题；生态经济学研究经济发展与环境保护之间的相互关系，探索合理调节经济再生产与自然再生产之间的物质交换，为解决城市发展中一系列经济无序发展造成的环境问题提供对策和方法；生态工程学是以生态学原理为基础，结合系统工程的最优化方法，以现代化科技手段恢复和改变生态系统，为城市更新中的生态修复和生态技术应用提供了理论基础；恢复生态学研究生态系统结构和功能的恢复，在适当采用退化生态系统恢复的技术和方法的同时，突出强调区域尺度上退化生态系统的空间恢复格局；景观生态学以生态学的理论框架为依托，研究景观的结构、功能和演化，基于景观生态安全格局，按照尺度和等级层次理论的要求，以景观生态规划的方法为基础，改造受损景观格局，达到控制和解决区域生态环境问题的目的。

（三）城市更新与城市生态建设的关系

1. 城市更新与城市生态建设具有相同的目标

一般而言，城市更新的目标包括：满足城市经济结构和产业结构调整，迅速发展第三产业的需要，改善投资环境吸引外资，改善城市面貌，提高市民生活质量等。然而从深层次来看，城市更新的目标应为提高城市整体机能和实力及吸引力，提高城市现代化水平。城市更新虽然在建设范围上具有局部性，但其影响范围具有全局性意义。

城市生态建设是按照生态学原理，以空间的合理利用为目标，以建立科学的城市人工化环境措施去协调人与人、人与环境的关系，协调城市内部结构与外部环境关系，使人类在空间的利用方式、程度、结构、功能等方面与自然生态系统相适应，为城市人类创造一个安全、清洁、美丽、舒适的工作、居住环境。城市生态建设是在对城市环境质量变异规律的深化认识的基础上，有计划、有系统、有组织地安排城市人类今后相当长的一段时间内活动的强度、广度和深度的行为，城市生态建设的基点是合理利用环境容量（环境承载力）。目前，城市生态建设已成为提高城市环境质量水平提高城市的可持续发展水平及提高城市现代化水平的最基本途径之一。

由此可见，城市更新与城市生态建设在目的性方面具有高度的一致性，不应将两者对立起来。生态建设、生态环境质量的改善应是城市更新的一个重要组成部分。因为不考虑生态环境质量的城市更新，只会出现过高的建筑密度侵蚀了学校、绿地、运动场、开阔地，日照、防火、通风、防灾多有隐患及整体环境质量和效益降低的结果。这既是与城市生态建设原则相违背，又是背离于城市更新的根本目的，因而不是真正意义上的城市更新。

2. 城市更新是推进城市生态建设的一个重要契机

城市更新过程中，城市的各种物质和非物质的元素发生不同程度的变化和位移。如人口的迁入与迁出、建筑的拆迁与新建、财物的投入与滞留、生态因素的新增和破坏，所有这些既是城市更新的实质内容，又是城市生存环境重组。是达到一个新的平衡与新的状态的过程，因而也是实施城市生态建设的一个契机。认识到这一点,并在城市更新过程中有意识地把握这一契机,就能在城市更新的指导观念、改造方法、改造策略、改造规模、改造速度、改造范围、改造标准、改造规划设计等方面加以体现,从而出现高层次的旧城改造作品。

具体而言,城市更新指导观念不但要考虑经济因素,还要考虑生态环境质量因素。城市更新方法不能局限于建筑设计、景观设计等狭隘范围内,还必须增加和应用生态规划方法。城市更新策略要考虑以生态学作为指导,城市更新的强度要以旧城的生态系统环境容量(生态环境承载力)作为校核和限制因素,城市更新的建设标准必须以保证能在原基础上提高城市生态环境质量作为准绳,城市更新规划设计除了树立一般意义上的经济观念外,还要坚持广义上的环境经济学概念,并要有生态环境设计人员加入城市更新规划设计队伍中,所有这些,都是利用城市更新契机推动城市生态建设与城市现代化水平的重要举措。

(四) 城市更新中改善城市生态的几个措施

1. 选择恰当的改造方式

选择何种城市更新方式将在很大程度上影响旧城改造的效果和旧城生态环境质量。国外一些国家在20世纪中后期推倒重建很长一段时间内被认为是进行城市更新最行之有效的方法。但现今这一做法已受到越来越多的怀疑和越来越强烈的反对,人们已清楚地认识到,推倒重建是一种代价昂贵的改建方式,是一种难以满足居民急需和破坏地方性社群以及那些赋予邻里特色的历史遗产和自然景色的改建方式。城市更新方式应与原有城市发展轨迹相适应,应与城市发展阶段相适应,要选择最适合原有城市可持续发展及其原有城市生态系统自我完善的改建和改造方式。从这个意义上说,城市更新绝非仅仅只有拆旧建新一种方式,实际上它是包含着保护、修复、改造、更新、新建等多种方式和手段的综合性过程,简单的推倒重建只能带来长远发展的遗憾。

2. 提高旧城自然环境质量与制定旧城环境质量标准

人是城市的中心,人的生活和生产需要一定的环境保障。随着时代的前进,人类对所处环境质量的要求越来越高,优良的环境已成为城市生态系统存在和持续发展的基础和保障。致力于提高环境质量的生态建设对城市(包括旧城)社会经济的发展起着不可低估的作用。提高旧城区的生态环境质量除了端正指导思想制定行政法规等方面外，还必须有一系列的物质保证措施：包括降低建筑容量、降低建筑容积率、降低人口密度、提高绿地指标等。此外，最重要的是制定旧区环境质量标准，使之成为旧城改造评价标准体系中的一部分。并在旧城改造的全过程中，使每一项改造行为都符合环境质量标准，真正使更新改造后的旧区呈现出其应有的城市精华区的面貌。

3. 土地利用符合生态法则

城市更新的土地利用类型、利用强度要与旧城及周边环境条件相适应并符合生态法则。土地利用的生态法则包括土地利用的多样性和土地利用强度的有限性，原有城市的土地利用类型不能单纯以金融、商贸用地等为主，必须考虑绿地、市政设施、道路等多种土地类型，这是提高原有城市地区生态环境质量的基础性条件之一，也能有效地避免因土地利用过于单一而带来市政设施不堪重负、景观多样性和丰富性下降及社会功能不完善等问题的发生。原有城市的土地利用强度虽然因级差地租的影响可以高于其他地区，但必须具有一定的限度。这一限度即是要保证原有城市改造后的生态环境质量要高于改造前的，并符合国家环境质量标准。具体说，城市更新后土地利用强度不应给城市交通、市政设施带来新的压力，不应因过高的建筑容量（容积率）和建筑密度侵蚀开阔空间及绿地，不应有日照、通风、防灾等隐患。

4. 城市更新后其城市人工化环境结构内部比例必须协调

人工化环境结构内部比例协调指原有城市内各种人工要素（建筑、道路、市政设施等）必须在数量、质量、需求、供应、消耗、循环等方面达到高于改造前期的协调状态。中国一些城市旧城改造后建筑容量大为提高，引发了人口、交通流量的增加，市政供应的严重超负荷，甚至出现了比改造前更为紧张的状态。这正是城市更新人工化环境结构内部比例失调的表现。

5. 城市更新必须致力于城市整体发展的协调

旧城在空间地域上看是城市连续体的一个组成部分，从城市发展全过程看，城市更新则是城市发展在特定地域的一种特殊表现形式。因此，城市更新是与城市整体发展须臾不可分离的。我们既要充分认识城市更新对城市整体发展所起的特殊作用，通过城市更新促进整个城市在产业结构、用地结构等方面的完善，发挥其对城市功能等方面的促进作用，又要将城市更新规划置于城市总体规划的范畴之内，这样才能在城市更新的规模和速度、城市更新与新区开发的关系等问题上取得高层次的统一，从而有利于城市整体的发展。由这一观点出发，可以发现中国有些城市存在的在总体规划或总体调整修编规划中较少考虑或回避旧城改造规划的情况，将对城市整体发展带来较大的负面影响。

目前，中国的城市更新中对经济方面考虑得较多，而对社会及生态环境方面考虑得很少或根本未考虑。这实际上违背了城市更新的根本目标。城市更新除了在经济因素方面要对旧城及城市的经济发展起促进作用，而且还必须在社会因素（历史文化传统的延续发扬、社区人文结构的维持与完善）与生态因素（人们生存环境质量的提高）等方面起积极作用。城市更新过程中的各项建设行为强度必须在一定的社会环境承载力允许的范围内进行，以有利于旧城及城市的经济、社会、生态的可持续性发展，只有这样，城市更新才能取得真正意义上的成功，才能使原有城市获得可持续发展的机会。

第五章 低碳时代生态城市规划与建设

第一节 城市建筑节能与绿色建筑推广

一、城市建筑节能的社会背景目标和发展思路

(一) 城市能源利用与建筑节能的社会背景

从世界城市的发展历程来看,能源对城市发展起着至关重要的作用。根据沈清基的研究结果可知,能源对于城市的选址、规模、建筑和形象以及人口的迁移都会产生影响。首先,在城市的选址过程中,城市必须与能源产地有直接的联系。在工业革命之后,随着能源的集中供应和运输能力的不断提升,城市开始从大型煤炭产地向四周延伸,之后沿着集中能源供应的主线展开。其次,能源对城市规模也会产生影响。当化石能源非常充足时,随着工业现代化进程的加快,巨型城市的增多成为可能,而由于化石能源濒于枯竭,巨型城市也处于崩溃的边缘。再次,在对城市建筑和城市形象的影响方面,当能源和材料的供应非常充足时,建筑设计和城市规划可以不受地方条件的限制而自由发展。而一旦能源出现短缺,人们就必须根据当地的气候条件来营造生存空间,全球范围内的城市就会出现多种多样的带有地方色彩的建筑结构、建筑风格和建筑材料。最后,能源对人口迁移也会产生影响。从能源的角度来看,农村人口向城市迁移的一个重要原因是农村缺乏可使用的有效能源系统。

由此可见,城市的发展离不开能源的支持,城市在能源使用方面必须体现能源使用的高效性和可再生性。现阶段的能源紧张已经开始制约中国城市发展,要解决中国城市发展中能源利用方面的问题,就必须顺应人类利用能源的历史趋势,通过合理开发使用新能源,高效节约利用传统能源,逐步改善城市发展与能

源约束的关系，降低能源使用对环境造成的影响。

有效利用能源是低碳生态城市建设的重要途径，要提高能源利用效率首先必须明确重点耗能行业，而建筑能耗、交通能耗和工业能耗是城市能耗的三个主要方面。从现阶段发展情况来看，尽管工业能耗目前所占的比重较大，但是随着产业结构的不断优化调整和城市化进程的不断加快，工业能耗将呈现逐步降低的趋势，而建筑和交通将成为增长较快的耗能领域。

在建筑领域中，能源消耗主要包括三个方面：一是建筑材料生产过程中的能源消耗；二是建筑建造过程中的能源消耗；三是建筑运行中的能源消耗，包含建筑中的照明，采暖通风，建筑设备、办公器具等对能源的消耗。研究表明，建筑在生产、建造和运行中不仅耗用了全球50%的能源、42%的水资源和50%的原材料，而且导致了全球50%的空气污染、42%的温室效应、50%的水污染等。建筑能耗占全社会能耗的比例呈现逐年上升趋势，目前约占全球天然能源的50%。

在中国，建筑能耗同样呈现快速增加趋势。首先，中国是一个发展中的大国，同时也是一个建筑大国，每年新建房屋近20亿平方米，超过所有发达国家每年建成建筑面积的总和。并且随着中国城市化的进程不断加快，中国建筑市场规模将会持续扩大，建筑面积的扩大将会导致建筑能耗的增加。其次，从产业结构优化调整的情况来看，随着第二产业比重的逐步下降，工业能耗也将会呈现下降趋势，相对应的建筑能耗和交通能耗所占社会总能源消耗的比重将会有所增加。再次，中国人均耗能水平较低，随着生活水平的不断提高，人们对居住舒适度的需求会不断增长，空调等能耗设备使用比例将进一步上升，进而增加建筑能耗的总量。最后，中国一些地区的建筑方式仍然比较粗放，建筑节能的社会认知程度有待提高。很多建筑仍然采用现场砌（浇）筑和手工作业的方式，工业化水平低，在开发工程项目时，往往偏重经济效益，对节能、节地、节水、节材和新材料、新技术、新工艺、新产品成果的应用力度不够，而且大多没有采用合适的节能技术，不通风的房型、导热系数极大的落地窗、外飘窗等仍较为普遍。由此可见，中国建筑能耗整体上升的趋势不可避免，并将成为未来能源消费的主要增长点，预计在未来一段时间内，建筑能耗占全社会总能耗的比例将上升至1/2甚至更高。因此，建筑能耗将成为城市能源消耗的主体，大力开展建筑节能工作，降低城市建筑能耗就显得尤为重要。

（二）建筑节能目标及思路

城市建筑节能的总体目标是大力弘扬"绿色"生活模式，把建筑节能的理念贯穿到人们生活的各个方面，逐步引导人们改变高耗能的生活方式和生活习惯；进一步减少对不可再生能源的消耗，不断提高不可再生能源利用效率；加大新能源研究开发力度，充分挖掘太阳能、生物质能、风电、地热等可再生能源的巨大潜力，在实现城市经济高速发展的前提下，保持建筑能源消耗和CO_2排放处于较低水平。城市建筑节能的主要思路包括三个方面：一是改变传统非节能的理念，引导全社会真正树立起建筑节能的理念，并用这种理念引导人们在建筑物规划设计中的审美标准、建造中的施工模式以及能源消耗中的使用习惯向着节能的方向转变，从而达到降低建筑能耗的目的。二是围绕可再生能源与建筑一体化的应用，不断加大可再生能源在新建建筑中的运用力度，逐步推动可再生能源利用从单体建筑向区域建筑、从单项技术向综合技术发展，推动普通建筑向绿色建筑转变，进一步降低对不可再生能源的依赖程度，提高不可再生能源利用效率。三是通过推动既有建筑能耗监测系统建设，培育建筑节能市场服务体系，推广建筑合同能源管理模式，不断加快既有建筑改造步伐。

二、建筑节能理念的重塑

（一）重塑建筑设计理念

重塑建筑设计理念的核心是将建筑设计的理念逐渐从大量消耗能源、依靠机械系统营造室内环境向融合自然、充分利用各种被动的节能技术营造适宜的室内环境转变，从更加注重建筑物的美观向更加注重节能技术、外观服从于节能要求的方向转变。大量的经验数据也表明，如果在规划设计阶段就能够充分考虑运用各种手段降低能源消耗，其降低建筑能耗的成本最低也最有成效。因此，在规划设计阶段融入节能理念对建筑物进行规划设计，围绕建筑节能统筹安排、协调推进各种被动和主动节能技术的综合应用，是降低建筑能耗最主要也是最有效的途径。具体来说，在规划阶段，建筑设计师应根据大范围的气候条件影响，针对建筑自身所处的具体环境气候特征及建筑周边地形地貌，合理规划区域内部建筑的位置，通过建筑整体体量和合理的建筑朝向，最大限度地利用日照和自然风，降低建筑能耗。在设计阶段，建筑设计师可以首先采用被动式节能设计方法，尽可能地从周边的环境中吸收可以利用的能量，以营造室内较舒适的湿热环境和采光环境，最大程度降低对机械系统的依赖度，减少建筑对不可再生能源的需求。例如，建筑设计师应充分考虑自然通风和自然采光，通过合理设计建筑形体，尽可能地利用自然通风为建筑降温，调节建筑的室内环境；同时增强建筑的透光性，最大限度地利用日光满足建筑物照明的要求，减少对电能的消耗。在此基础上，建筑设计师应采用主动式节能设计方法，通过合理设计扩大太阳能、风能、生物质能等可再生能源在建筑中的适用范围，尽可能将这些可再生能源转换为建筑物所需要的电、热和燃料，进一步减少建筑对不可再生能源的需求量，降低建筑能耗。

（二）重塑建筑施工理念

重塑建筑施工理念就是在建造的过程中融合能源节约的理念，采取绿色施工的模式进行建造，即在工程建设中，在保证质量、安全等基本要求的前提下，通过科学管理和技术进步，最大限度地节约资源，减少对环境负面影响的施工活动，实现节能、节地、节水、节材和环境保护，达到节约建设成本和资源消耗最小化的目的。具体来说，相关人员在施工阶段应采取工业化建造等新型建设模式，采用资源消耗和环境影响小的新型建筑结构体系；重视因地制宜，就地取材，减少材料运输的能源消耗；优先选用性能高、耐久性好、生产能耗低、可减少资源消耗、可重复或循环使用、可再生、用废弃物生产的材料和产品；在施工回收阶段将建筑施工、旧建筑拆除和场地清理时产生的固体废弃物分类处理，并将其中可再利用、可再循环的材料进行回收和再利用。

（三）重塑建筑用能理念

重塑建筑用能理念的核心在于通过节能建筑和设施的设计建造，引导人们改变目前这种追求消耗大量的能源营造舒适环境的理念，而采用更加节能的生活方式和生活习惯，以达到降低建筑能耗的目的。关于建筑室内环境的营造方法，存在两种不同的理念。许多国家主张通过人为的、机械的方式营造采光、调控冷热环境；中国强调建筑与自然和谐相处，只有在极端的天气情况下适当地通过机械方式改善室内环境。许多国家的建筑理念往往强调通过"全面掌控"建筑环境来营造建筑室内环境，建筑物大多被设计成为窗户不能开启、尽量减少与外界环境进行能量交换的密闭空间，在这种建筑构造的约束下，平时人们就不得不关闭门窗，依靠消耗更多的能源，采取机械方式来对室内环境进行调节，人们也因此形成较为耗能的使用方式和习惯。而中国的建筑理念更加强调建筑物与自然环境的沟通，建筑物会被赋予更多与外界环境交换的功能，如能够开启的窗户、随着外界环境变化性能发生变化的新型围护结构以及方便人们与外界环境沟通的露台等，这些功能的存在将会引导人们采用一种与自然更加融合的绿色用能模式，从而降低建筑能源的消耗。事实上，真正舒适且节能的建筑并不是把人放在一个密封的玻璃罩里面用机器创设环境，而是追求人与自然和谐相处的舒适状态。尤其当一种高能耗的"人工环境"建筑会引导人们采用更加耗能的生活方式和习惯的时候，通过建设与自然更加融合的绿色建筑来引导人们改变耗能的用能习惯，重塑节能的用能理念，这对于降低建筑能耗显得尤为重要。

三、新建建筑的可再生能源一体化

（一）单体建筑的可再生能源一体化

单体建筑的可再生能源一体化是指在某一幢建筑上设计安装可再生能源转化装置，转化的能源主要供给本幢建筑使用。在单体建筑的可再生能源利用方面，目前运用较广、技术比较成熟的是太阳能光热的转化利用。除此以外，还有太阳能光电和地源、湖水源等热泵技术的转化利用。

1. 太阳能光热一体化

太阳能热水器是太阳能光热利用领域中应用时间最长、应用范围最广泛的太阳能产品。根据不同的建筑形式、建筑物功能，太阳能热水器与建筑有坡屋顶嵌入式、平屋顶结合式、阳台壁挂式、遮阳板式和遮阳篷式等多种一体化形式，目前应用比较多的是坡屋顶嵌入式、平屋顶结合式、阳台壁挂式等几种形式。

2. 太阳能光电一体化

太阳能光伏发电在发达国家已形成热潮，如德国、日本、美国均有具体的实施计划。在国内，如北京奥运会场馆、上海的"绿色电力认购计划"、上海世博会太阳能光伏建筑、深圳的亚洲最大光伏并网电站、南京南站全球最大的建筑一体化太阳能光伏发电系统等均引起了社会的广泛关注。太阳能光伏建筑一体化应用技术是在建筑围护结构外表面（如外墙、屋顶等）铺设光伏组件或直接取代外围护结构，将投射到建筑表面的太阳能转化为电能，以增加建筑供电渠道、减少建筑用电负荷的新型节能措施。太阳能光伏发电系统的各种彩色光伏组件可以替代和节约昂贵的外饰材料，使建筑物的外观统一协调，美化建筑环境；由于太阳能发电板阵列一般被安装在屋顶及墙面上直接吸收太阳能，因此太阳能光伏发电系统同时降低了墙面及屋顶的温度，减轻了建筑的空调负荷，降低了空调能耗。常见的光伏建筑一体化系统主要有光伏屋顶、光伏幕墙、光伏遮阳板、光伏天窗等，利用太阳能光伏发电系统可实现独立发电和并网发电。

3. 热泵技术与建筑一体化

热泵技术与建筑一体化主要有四种方式：土壤源热泵利用，江、河、湖泊等地表水源热泵利用，污水源热泵利用以及空气源热泵利用。土壤源热泵是一种利用浅层地能的可再生能源应用技术，它将地下土壤作为热泵机组的低温热源，通过传热介质在封闭的地下埋管中循环，以实现系统与土壤之间的换热。冬季供热时，介质从地下收集热量，通过循环系统把热量带到室内；夏季则把室内热量排至地下土壤中。地表水源热泵技术是以地表水（包括江、河、湖泊等）作为冷热源体，冬季利用热泵吸收水体热量向建筑供暖，夏季热泵将吸收到的热量排放至水体，实现对建筑物的制冷。由于水体温度在夏季时低于空气温度，在冬季时，水体最低温度高于空气温度，空调主机可获得较低的冷凝温度和较高的蒸发温度，系统能效相对较高。地表水源热泵分为闭式和开式两种形式。闭式系统将换热盘管放在水体底部，通过盘管内的循环介质与水体进行换热；开式系统从水体的底部抽水，并将水送入换热器与循环介质换热，开式系统的换热效率高。污水源热泵是一种利用污水作为冷热源进行制冷、制热循环的空调技术。由于污水温度全年较为稳定，污水源热泵的制冷、制热效率高于传统空气源热泵，是实现污水资源化利用的有效途径。空气源热泵技术是基于逆卡诺循环原理建立起来的一种节能、环保制热技术。空气源热泵系统通过自然能获取低温热源，经系统高效集热整合后成为高温热源，用来供暖或供应热水，整个系统的集热效率较高。

（二）区域建筑的可再生能源一体化

建筑区域能源站采用可再生能源技术的区域集成运用形式，它以一定区域的建筑群为服务对象，采用区域冷热电联产的方式，利用管网系统向区内各建筑物集中供热供冷，实现能源按品位分级利用。区域能源站可以使用煤、油、煤气、可再生能源（如太阳能、地热、风能、潮汐能等），通过应用先进的能量回收技术，使低焓值的热源被充分地利用起来，而且可以利用废热。另外，区域能源站可以与先进的蓄能技术相结合，削峰填谷，实现能量转化自动化和能量供应的平稳，保证能量转换设备在一天 24 小时内高效运行，因而具有较高的能量效率。从经济性考虑，区域能源站有条件应用先进高效的能量转换技术和设备。

四、既有建筑的节能改造

（一）建筑用能情况监测

建筑用能情况监测是既有建筑改造的前提。通过开展建筑能耗统计、建筑能源审计、建筑能耗公示、建筑能效测评标识等工作，建立各类建筑能耗定额标准，实行建筑用能的定额管理；通过建筑能耗公示、建筑能效测评标识将建筑运行能耗信息、建筑能效水平呈现在公众面前，接受社会的监督，为确定同类建筑的合理用能标准提供依据，督促建筑业主或者使用单位加强建筑运行管理，提高建筑能源使用效率，同时为高能耗建筑逐步实施改造创造必要条件。

一般来说，能耗监测系统主要是对建筑分类能耗和分项能耗进行监测。其中分类能耗是指根据建筑消耗的主要能源种类划分进行采集和整理的能耗数据，主要包括六个方面，分别是电量、水耗量、燃气量（天然气量或煤气量）、集中供热耗热量、集中供冷耗冷量、其他能源应用量。而分项能耗是指根据建筑消耗的各类能源的主要用途划分进行采集和整理的能耗数据,主要包括四个方面:一是照明插座用电,包括照明和插座用电、走廊和应急照明用电、室外景观照明用电;二是空调用电,包括冷热站用电、空调末端用电;三是动力用电,包括电梯用电、水泵用电、通风机用电;四是特殊用电,包括信息中心、洗衣房、厨房餐厅、游泳池、健身房或其他特殊用电。通过对建筑分类和分项能耗的监测,全面掌握建筑总能耗和分项能耗,可以为有效管理建筑能源消耗,开展节能改造提供依据。

公共建筑单位面积能耗是普通住宅建筑的 5~10 倍。政府办公建筑及大型公共建筑,如写字楼、商场、医院等,占城市建筑总量的 6%~10%,但耗能占建筑能耗总量的 50%,与全部住宅能耗相当。因此,对公共建筑能耗的监测是建筑用能监测的重点,对公共建筑的节能改造是既有建筑节能改造的主要内容。

(二) 建筑外围护结构及耗能设备节能改造

目前,公共建筑的主要能耗是空调和照明。通过改善建筑的外围护结构,实现被动节能,提高墙体和屋顶的热阻,减少窗玻璃、窗框和缝隙透风的传热、传冷损失,以及通过改善建筑空调系统提高能源利用率,是既有建筑节能改造的主要方面。

建筑外围护结构是建筑物与外界大气接触的介质,外围护结构保温措施的好坏直接影响着建筑物的耗能高低。建筑外围护结构改造包括三个方面:一是建筑外墙的改造,在建筑外墙贴设保温板,如聚苯板或挤塑苯板、喷射硬质发泡聚氨酯等,可以大大降低外墙的传热系数,减少耗热量;二是对建筑屋顶的改造,屋顶是建筑接触室外大气的主要散热部位,在屋顶上增加保温层的厚度或者加设空气间层(如加设钢制坡屋顶等)可有效地减少屋顶的传热量,从而减少建筑物的耗热量;三是对建筑门窗的改造,将外墙上所设的门窗均替换为节能门窗,如中空玻璃塑钢窗、断桥铝合金门窗等,或者直接在现有的外门窗外侧增设一层单框玻璃窗,均可有效地提高外门窗的气密性以及保温性能,从而减少外门窗的耗热量。就外围护结构节能改造的工作过程来看,建筑物外围护结构的改造其实就是对建筑物进行"穿衣戴帽",因此,这部分工作可以与城市建筑物的立面改造有机结合起来,从而达到既美化城市立面,又实现建筑节能改造的目的。

(三) 合同能源管理模式

合同能源管理是一种新型的市场化节能机制,其本质是以减少的能源费用来支付节能项目全部成本的节能业务方式。这种商业模式是使用未来的节能收益为建筑和设备改造升级,从而降低当前及长期的运行成本。提供这种商业服务模式的公司被称为节能服务公司,这种公司提供的不是具体的产品,而主要是一系列节能的服务。在合同期内,节能服务公司及业主分享项目的节能效益;合同结束后,高效能的设备和节能效益则全部归业主所有。按照具体的业务方式,合同能源管理可以分为分享型、承诺型、能源费用托管型等合同能源管理。与传统的节能项目改造方式相比,合同能源管理模式的大部分节能风险和改造所需的大笔资金由节能服务公司承担,因此可以有效增强业主进行建筑节能改造的动力。

五、绿色建筑的探索与发展

(一) 绿色建筑的内涵

绿色建筑是当前全球可持续发展战略在建筑领域的具体体现。20世纪60年代,美籍意大利建筑师保罗·索勒瑞首先提出了"生态建筑"(绿色建筑)的新理念。伴随着生态学、社会学、系统工程学等学科向建筑学领域的扩展,世界各国对绿色建筑的研究步入一个新的时期,绿色建筑迅速发展成为一种时代的潮流,代表了当今建筑学的最新发展方向。

绿色建筑以生态系统的良性循环为基本原则,运用生态系统的生物共生和物质多级传递循环再生原理,应用系统工程方法和多学科的现代绿色科技成就,根据当地环境和资源状况,强调优化组合住区的功能结构,实现经济、生态和社会效益相结合的新型人类聚居环境和建筑体系。简单地说,绿色建筑是指在建筑的全生命周期内,最大限度地实现"四节一环保"(节能、节地、节水、节材、保护环境和减少污染),被喻为建筑行业的"绿色革命"。其核心内涵是将可持续发展的理念融入建筑行业，以最少的资源和最小的环境负荷创造最大的居住舒适度，加速建筑行业向节能化方向转变。绿色建筑的基本内容可被归纳为以下内容：减轻建筑对环境的负荷，即节约能源及资源；提供安全、健康、舒适性良好的生活空间；与自然环境亲和，做到人和建筑与环境的和谐共处、永续发展。

对于绿色建筑的理解需要注意以下三点。第一，绿色建筑并不是昂贵的建筑。绿色建筑强调材料可循环使用和充分的本地化，从而有可能实现最低成本地节能。因此，绿色建筑不会比普通建筑所需的成本投入高出很多。尽管有一些绿色建筑采用了新能源，但从全生命周期成本核算来看，绿色建筑的成本并不一定会比普通建筑高，总成本甚至还会有所降低，并且从综合生态效益、居住舒适度方面进行考量，绿色建筑的性价比更高。第二，绿色建筑不是仅指绿化的建筑。利用绿化节能，只是绿色建筑的一小部分功能，绿色建筑更多的是生态住宅、节能建筑、环保住宅、健康住宅的和谐统一体。第三，绿色建筑不等同于高科技的建筑。绿色建筑会利用一些节能技术或者设备，但不是利用高精尖技术的实验室。绿色建筑技术的目的是创造适宜的生活环境。绿色建筑提倡采用对自然破坏程度最小的方式、简单可行的技术。绿色建筑的本质是一种气候适应性建筑，就是自动地利用外界的气候条件来进行能量的交换，是一种"会呼吸"的建筑，倡导用最简单的方式、最小的环境代价，建造最适宜的生活环境。

（二）绿色建筑的推广

绿色建筑促进建筑能耗降低的功能主要体现在以下几个方面。一是绿色建筑采用节能的建筑围护结构，要求所有建筑住宅的围护结构热工性能指标符合国家和地方居住建筑节能标准的规定。二是绿色建筑要求减少空调的使用频率和时间，在设计采用集中空调（含户式中央空调）系统时，所选用的冷水机组或单元式空调机组的性能系数（能效比）应符合国家有关规定值。三是绿色建筑要求公共场所照明采用高效光源和高效灯具，并采取其他节能控制措施，其照明功率密度符合《建筑照明设计标准》的规定。四是绿色建筑要求尽可能地利用自然光，在自然采光的区域设定光电控制的照明系统，设置集中采暖和空调系统的住宅，采用能量回收系统（装置）。五是绿色建筑要求充分利用太阳能、地热能等可再生能源，根据地理条件，设置太阳能采暖、热水、发电及风力发电装置，太阳能、地热能等可再生能源的能耗占建筑总能耗的比例大于5%。部分等级较高的绿色建筑要求采暖和空调能耗不高于国家和地方建筑节能标准规定值的80%，可再生能源的使用占建筑总能耗的比例大于10%。此外，绿色建筑还要求根据当地气候和自然资源条件，采用适应当地气候条件的平面形式和总体布局，最大限度地节约能源。

六、促进建筑节能与绿色建筑推广的总体策略

（一）营造全过程建筑节能的氛围

具有良好的节能理念和用能习惯是城市建筑节能的前提。要想促进建筑节能与绿色建筑的推广，就必须取得全社会的支持和互动，形成全社会共同关注城市建筑节能的氛围，分两个层面对全过程建筑节能理念进行宣传。一是对建筑设计、施工等技术管理人员进行宣传培训。充分利用各院校、科研院所的科研和技术优势，联合开展与能源节约有关的研究开发、应用技术专业培训或课程，加强节能知识培训，并将培训或课程内容纳入有关执业资格考试内容中。各协（学）会应加强对房地产开发企业、物业管理企业、设计单位、施工单位、监理单位、工程造价咨询企业、施工图审查机构、检测监督站等单位负责人、技术人员和基层规划建设管理人员的建筑节能专项培训，以提高其节能技术的应用水平。通过对专业技术人员的培训，把资源节约、环境保护、生态宜居的理念贯穿到建筑规划设计施工管理的各个环节中，协调推进各种节能技术在建筑上的综合应用。二是向公众宣传节能知识。通过各种媒体和利用展览会、公益广告、交流研讨、现场会等方式，利用节能宣传周等机会，有计划、有针对性地组织节能宣传活动，增强公众的节能意识、资源意识和环保意识，引导公众建立低碳的生活方式和节约能源资源的消费习惯，努力使节约能源成为全社会的自觉行动。

（二）构建政府引导市场推动的双向调节机制

加快形成政府、市场的双向调节和互动机制是促进城市建筑节能的重要途

径。降低城市建筑能耗是一项社会效益高于经济效益的工程，因此在当前尚不具备完全市场化的条件下，走政府引导、市场推动的路子对于降低城市建筑能耗具有特别重要的意义。政府应强化统筹协调工作，特别是要制定完善的促进城市能源节约的法规规章、扶持政策和标准规范，鼓励全社会研发、生产、推广、应用节能产品，积极发挥政策的导向和推动作用；在加大政府引导力度的同时，还应注重培育节能服务市场，进一步健全节能服务体系，完善激励扶持政策，形成适应市场要求的合同能源管理机制与模式，推进节能服务产业化；在此基础上建立合同能源管理信用制度，规范合同能源管理企业进入节能服务市场的资质要求，加强管理服务能力建设，壮大节能技术咨询和管理队伍，逐步将降低城市能耗由主要依靠政府推进转变为运用市场机制推动。

（三）加大建筑节能适用技术的研发和推广力度

各类建筑节能适用技术的研发和推广是城市建筑节能的重要支撑，具体措施如下：大专院校、科研院所、企业和科技管理等部门应建立研发基地，形成建筑节能研究平台和建筑节能技术专家咨询队伍；采取政府引导、企业参与、吸引社会资本和外资等多元化筹资渠道，加大对建筑节能的科技投入，鼓励开展对建筑节能基础性和共性关键技术与设备的研究开发应用，加大高新技术和应用技术研发力度，提升节能技术水平和档次；对现有成熟技术、产品、材料进行整合研究，构建推广建筑节能技术、产品平台，促进节能技术研究成果转化；加快发展集成技术体系在建筑一体化中的应用，进一步加大太阳能、地热能等可再生能源以及水源等热泵技术在建筑区域供热供冷中的研发推广力度，不断推动节能技术的发展；构建建筑节能标准体系，根据当地气候特征、资源状况、技术经济发展水平，建立健全建筑节能标准和计价体系，完善设计标准、应用规范、标准图集、设计软件、检测评估、施工验收、产品标准和工程造价（含配套定额）等建筑节能系列化标准体系。

（四）完善建筑节能的综合监管体系

构建完善的监管体系是顺利推进建筑节能工作的重要措施，具体措施如下：

严格执行建筑节能审查监督程序，切实加强标准的实施监管，建立从项目立项、论证、审批、设计、施工、监理、造价控制、竣工验收和结算、房屋销售、重点设备节能改造和运行管理的建筑物生命周期内相互衔接的节能监督管理体制，确保将节能标准落实到工程建设全过程；定期组织开展节能建筑专项检查，对设计单位、施工图审查机构、监理单位、施工单位的建筑节能设计标准落实情况进行检查，不允许未经节能评审认定的工程通过竣工验收备案；加大对违反建筑节能强制性标准及强制性条文行为的处罚力度，确保各种节能设计标准和节能技术落实到位；加快节能管理制度创新，构建有效行政监督体系；强化建筑节能施工现场的动态监管力度，将节能标准现场执行情况纳入合同价格调整机制、建设项目各类监督检查等监管范畴和各类奖项评比活动中，确保将节能标准落实到项目；制定和实施施工监管、验收备案制度；建立节能建筑性能检测中心，充实检测人员，完善相关技术和设备，提高节能建筑性能认定的技术监控水平。

（五）建立以绿色建筑为发展导向的体制机制

建立以绿色建筑为发展导向的体制机制是推动绿色建筑健康有序发展的重要保障，具体措施如下：从财政补贴、税费优惠、专项资金等方面建立健全与绿色建筑相关的优惠制度，在建筑的节能、节水、节材、节地和环境保护等各个方面加大经济扶持力度，形成鼓励发展节能省地环保型建筑、绿色建筑的财税政策体系，充分调动开发商、消费者、承租者、节能服务公司等服务系统的积极性，积极引导各方面力量主动参与绿色建筑的创建；设立绿色建筑创新奖等相关奖项，鼓励绿色建筑技术的开发，促进绿色建筑的发展；搭建绿色建筑发展平台，及时掌握国内外建筑领域最新的技术成果和研发动态，积极开展国际合作与交流，引进、消化和吸收国内外先进技术，尽快建立绿色建筑标准规程和能效测评体系；全面实施绿色标识制度，积极开展绿色建筑评价标识认证；围绕国家机关办公建筑和大型公共建筑建设，有计划地推行一批绿色建筑示范项目，在规划、设计、施工、管理、使用全过程中贯穿绿色建筑的要求，通过示范项目带动绿色建筑健康发展，增强社会节能减排意识。

第二节 城市绿色基础设施建设

一、城市绿色基础设施的内涵、理论基础及发展目标

(一) 绿色基础设施的内涵

绿色基础设施一词最早是在20世纪90年代美国马里兰州绿道的规划中出现的。之后美国保护基金会与农业部森林管理局组成的联合工作组首次明确提出绿色基础设施的概念，将其定义为国家的自然生命支持系统，是一个由水道、湿地、森林、野生动物栖息地和其他维持原生物种、促进自然生态过程、保护资源和提高人民生活质量的开敞空间所组成的相互连接的网络。绿色基础设施与绿地生态网络、生态基础设施等概念具有继承、交叉和重合的关系。

概括而言，绿色基础设施的空间结构是由不同尺度上的网络中心与连接廊道所组成的天然与人工交互的绿色空间网络系统。绿色网络中心是多种生态过程的"源"，为野生动植物提供栖息地或迁移目的地，为人类提供休闲娱乐、环境保护、交流交往的场所。在城市建设领域内，网络中心主要包括以下三个部分：①开放空间，包括公共公园、自然区域、城市绿地、运动场和高尔夫球场等；②风景名胜，包括森林、水域、湿地等景观，具有自然和娱乐价值；③被修复的城市生态退化区，包括被重新修复或开垦的工业区、矿地和垃圾填埋场等。连接廊道是用来连接网络中心，促进生态过程流动的线状空间实体。典型的连接廊道主要包括以下两个部分。①道路型生态廊道：它是人们体验周围环境的直接途径，是以公路和铁路为依托而被建立的生态走廊和绿色屏障。②河流型生态廊道：它是依托河流水系的枝状空间格局，包括河道边缘、河漫滩和部分高地。

(二) 绿色基础设施建设的理论基础

1. 景观生态学

景观生态学是以生态学理论为基础，结合现代地理学和系统科学，研究景观

空间格局、生态过程和演化历程，研究景观和区域尺度的资源、环境经营管理问题的科学，是一门具有综合整体性和宏观区域性特色的学科。景观生态学将景观是由斑块、廊道和基质等景观要素组成的异质性区域，各要素的数量、大小、类型、形状及在空间的组合形式构成了景观的空间格局。景观生态学中的景观格局与生态过程理论认为，景观格局是包括干扰在内的一切生态过程作用于景观的产物，同时它控制着生态过程的速率和强度、景观结构与功能相互作用和影响。在城市中，绿色基础设施中的网络中心可以被看作斑块，连接廊道就是景观生态学中定义的廊道，不同用途的城市人工用地可以被看作基质。绿色基础设施的建设理念体现了利用高效绿色空间网络提高景观的异质性水平，保证城市各种生态过程的顺利进行，发挥绿色基础设施生态功能的思路。

2. 恢复生态学

恢复生态学是研究生态系统退化机理、恢复机制和管理过程的学科。恢复生态学包括自我设计和人为设计两个理论。自我设计理论强调生态系统的自然恢复过程，从生态系统层次考虑生态恢复的整体性，在未考虑种子库的情况下，其恢复的结果只能是由环境决定的群落。人为设计理论认为通过工程或其他手段可以恢复退化的生态系统，但恢复类型可以是多样化的。这一理论把物种生活史作为群落恢复中的重要因子，认为通过调整物种生活的方法可以促进群落的恢复。这两个理论对循环恢复区、风景名胜区保护以及整体的绿色基础设施规划与建设具有重要的指导作用。而物种的引入、品种改良、植物快速繁殖、植物搭配种植、林分改造、病虫害控制和微生物引种及控制等生物恢复技术，能为绿色基础设施生态功能的维护和提升提供重要的技术支撑。

3. 保护生物学

保护生物学是一门研究如何保护生物物种及其生存环境，促进生物多样性保护的学科。该学科的核心目标是降低人类活动对生物多样性的负面影响，防止物种灭绝所带来的生态危机。生物多样性保护可以分为三个层次：生物遗传基因的多样性保护、生物物种的多样性保护和生态系统的多样性保护。保护生物学的基本理论认为，多样性决定生态系统的稳定性和健康状况，多样性保护最根本的任务是保护乡土物种及生境的多样性。绿色基础设施作为城市中动植物最主要的栖息地，其存在和发展可以保护有效数量的乡土动植物种群，保护各种类型及多种演替阶段的生态系统，承载各种动植物的迁移扩散等生态过程及避免自然的干扰，是生物多样性保护的重要功能载体。

(三) 绿色基础设施的发展目标

绿色基础设施的总体发展目标就是在促进城市发展的同时，保护、优化现有的城市自然景观及生态环境，以战略性的、相互连接的、多功能的空间网络布局发挥其综合的生态效益、社会效益和经济效益，促进生态城市的社会、经济和自然复合系统的协调发展。具体而言，绿色基础设施的发展目标可以被概括为以下三个方面。

1. 维持生态系统平衡

绿色基础设施的首要发展目标就是维持城市生态系统平衡。绿色基础设施主要借助绿色基础设施网络结构的连通性和植被所具有的应对气候变暖、改善城市循环、防治污染、提高生物多样性等方面特性，提高城市生态系统的自我恢复能力和稳定性，以维护城市生态系统的运行。

在应对气候变暖方面，绿色基础设施利用园林绿化植物的选择以及优化网络布局来提升城市植被的碳汇功能。目前，相比工业革命之前相对平衡的碳循环过程，全球每年有超过 33 亿吨人为排放的 CO_2 被释放到大气中。植被作为重要的碳源，通过吸收 CO_2 排放氧气的生理过程，在碳循环中发挥着重要作用。

2. 为人类社会服务

绿色基础设施发展的另一重要目标就是为人类社会服务，主要体现在引导城市空间发展格局、保护城市居民的身心健康、提供教育和科研机会等方面。

在引导城市空间发展格局方面，绿色基础设施利用网络中的大型连接（如廊道和环城绿带等），形成城市发展的总体框架，调控城市空间无序蔓延。例如，伦敦、巴黎、莫斯科等大型城市都是利用环城绿带来控制城市发展形态和格局的，并取得了良好的效果。

在保护城市居民的身心健康方面，绿色基础设施一方面通过生态技术构建城市合理的自然群落，发挥植被吸收污染和提供休闲娱乐场所的功能，来降低居民由疲劳、压力引起的一些城市病的发病率,保护城区居民的身心健康;另一方面以绿色基础设施为载体,构建城市避震、防火和防风的减灾防灾系统,来保障居民人身安全。

在提供科研教育机会方面,绿色基础设施为各种科学研究提供大量的自然和人文资料,为城市居民接受历史和环境教育提供重要的空间载体。另外,绿色基础设施以多样的生态系统,为教育和科学研究提供对象、材料和实验基地。

3. 挖掘创造经济价值

绿色基础设施的另外一个发展目标是深刻发掘其在提高财产价值和降低管理成本方面的经济价值,为社会创造更多的社会财富。

在提高财产价值方面,在灰色基础设施周围建设绿色基础设施,可以提高城市建筑、街道等建筑物的经济价值。有研究显示,购物者更愿意在具有行道树的街道购物,为此他们愿意多支付10%的费用。在降低管理费用方面,绿色基础设施充分利用自然生态系统的自我调节能力,来降低原有城市园林绿化工作由于使用除草剂、杀虫剂和化肥等产品产生的管理费用。

二、城市绿色基础设施网络

绿色基础设施是一个新的术语,但不是一个新的思想,它来源于规划和保护实践。

绿色基础设施体现和强调了在低碳生态城市框架下,城市绿地空间规划和建设的目标从满足人类需要到生态环境保护,分析方法从单一的结构分析到连接度分析,解决方案从城市单一尺度向多尺度的转变。

(一) 绿色基础设施的布局

城市绿地系统对优化居民生活环境和促进社会、经济、环境的平衡发展功不可没。自城市绿地系统规划发展至今,城市绿地空间布局类型如下。①环城绿带式,是指在城市周围建设的绿化带,一般与城市自身的自然、人文特征以及地理区位相结合,以达到保护城市和乡村景观多样性的目标。②楔形放射式,是由郊区延伸到城市中心的由宽到窄的绿地,人们一般利用河流、地形和道路等结合农业、防护林进行布局，对促进城镇空气流动、缓解热岛效应和维持生态平衡具有重要意义。③廊道网络式，它强调以具备自然特征的线性空间将城市的绿色斑块连接起来形成网络，在实现引入新鲜空气等功能的同时，具有为野生动植物提供迁移廊道、保护生物多样性的作用。绿色基础设施理念更加强调实现生物多样性保护、污染防治和气候调节等生态环境保护目标。绿色基础设施的布局更强调生态目标的驱动，其空间网络综合了各种具有生态意义的绿地布局形态，以突出绿色基础设施重点保护的要素——生态环境。

(二) 连接度分析

生态城市的绿色基础设施网络是一种以生态环境保护为核心的绿色空间布局模式。在景观生态学中，连接度表示网络中廊道和斑块如何连接和延续、网络对生态过程的促进或者阻碍程度的一种测度指标。连接度不仅是绿色基础设施网络的重要属性，而且是区分绿色基础设施规划与其他类型基础设施规划概念的重要标志，是空间结构调控和发展的重要指标。

绿色基础设施的空间分析通常包括结构连接度分析和功能连接度分析。结构连接度的分析主要分析网络结构，功能连接度的分析还包括网络结构中如种子迁移扩散、动物迁移、基因流和土壤侵蚀等生态过程。提高连接度的主要思路是保护具有重要意义的斑块以及努力建立网络之间的连接。另外，还要注意的是，斑块的质量和适度规模、廊道形态要满足生态过程需求。

目前，绿色基础设施总体的空间布局规划与建设，主要还是基于结构连接度的分析，根据城市内的不同地块的自然属性等特征，识别出具有优先保护的网络中心和连接廊道，构建出绿色基础设施网络。

然而，绿色基础设施的生命支持系统属性决定了人们在规划和建设中有必要考虑生态过程，功能连接度分析是不可回避的重要问题。目前，国内外专项的绿色基础设施规划和生态基础设施规划，都开始考虑功能连接度的分析。但是由于生物的栖息地分布、生态迁移过程等资料获取较为复杂，功能连接度的分析主要是利用栖息地斑块的适宜性评价和最小耗费距离模型等模拟生态过程。美国马里兰州绿色基础设施网络的规划就是基于该思路的代表性规划之一。

（三）较大尺度的解决方案

绿色基础设施的网络化空间布局模式和连接度的分析方法，体现出城市绿色基础设施从分散到联系再到融合，实现城乡一体化、区域化、网络化的发展趋势。但是，如何在人口和资源环境的压力下利用前瞻性的、统筹全局的、科学的规划，预防人类活动所导致的生态系统受损，是许多国家、区域、地方决策者和学者着力解决的重要问题。一些绿色基础设施规划与建设者，已经开始在更大的时间和空间尺度寻求解决这一问题的方案。

三、绿色网络中心的规划与建设

（一）复合利用开放空间

开放空间主要指敞开的、为多数民众提供服务的空间，不仅包括公园、绿地等园林景观，而且包括城市中的广场和庭院等建筑物。在开放空间中建设绿色基础设施的网络中心，应在因地制宜保护生态系统多样性的前提下，注意开放空间的复合利用。开放空间的复合利用既包含以绿地、公园为载体构建城市防灾体系的水平空间复合利用，又包含以城市的构筑物为载体，实现立体绿化的垂直空间复合利用。

（二）保护风景名胜区

风景名胜区浓缩了各个国家、地区宝贵的自然和人文景观，是绿色基础设施中最自然的组成部分。从生态保护的理念与实践方面来讲，中国的风景名胜区与国外的国家公园具有许多相似的地方。国家公园是国家政府在某些天然状态下具有独特代表性的自然环境区内划出一定范围而建立的公园，属国家所有并由国家直接管辖；旨在保护自然生态系统和自然地貌的原始状态，同时又可作为科学研究、科学普及教育和公众游乐的自然景观场所。

（三）修复城市生态退化区

城市中的生态退化区是指那些由于人类过度或不合理利用而导致发生环境污

染、生态系统结构和功能发生变化的区域。对工业废弃地、退化湿地、垃圾填埋场废弃地等城市中生态环境退化区进行植被绿化和生态恢复，不仅可以解决城市土地集约利用的问题，而且可形成生态环境改善与城市用地功能更新的良性互动，提升城市的整体形象。

四、绿色连接廊道的规划与建设

（一）河流生态廊道

河流廊道包括河流的水面、河岸带防护林以及河漫滩植被等要素，是城市生态廊道中最重要的廊道类型，在促进物质输送和物种迁移方面具有无可替代的作用。人类的不当开发和干扰活动会导致岸边生态环境的破坏、栖息地的消失、河岸侵蚀的加剧、泥沙淤积、水质污染、美学价值的降低等。

（二）道路生态廊道

道路作为城市建设中重要的线状构筑物，是人类进入自然区域的重要通道。但是，道路在促进社会经济发展的同时，也对道路沿线以及整个城市产生了一定的生态负效应，如加剧环境污染、切割生境、阻隔物种流和基因流、导致水土流失等。道路生态廊道的规划和建设的目标，就是通过道路周围的绿化以及部分构筑物的设计，降低道路网络对于生态环境的干扰程度。道路生态廊道的构建，其实就是将城市中的灰色基础设施绿色化。

第三节 城市绿色交通系统与流动空间组织

一、城市绿色交通的内涵、特征及发展目标与内容

可持续的城市绿色交通发展应基于公共交通系统以及便于步行、自行车出行的强大基础设施，并与具有信服力的土地使用规划和减少汽车使用的措施相

协调。

城市交通与城市的可持续发展之间存在着密切的相关性和一致性。构建城市的绿色交通无疑是低碳时代生态城市规划建设中必须面对的现实问题。

（一）城市绿色交通的内涵

绿色交通作为 21 世纪城市交通发展的核心理念，已经引起了全球范围内的广泛关注。交通运输部所公布的《绿色交通示范城市考核评分标准（试行）》中，对城市绿色交通的概念进行了全面而深入的阐述。具体而言，绿色交通被界定为一种高度适应人居环境发展趋势、注重节能减排与环境保护、强调交通效率与便捷性、并致力于实现城市交通可持续发展的综合交通系统。这一定义不仅强调了绿色交通对环境的友好性，还突出了其在提高城市交通效率、减少交通拥堵和排放、提升公众出行体验等方面的重要作用。同时，绿色交通还注重与城市人居环境的和谐共生，致力于构建更加宜居、宜行、宜业的城市交通环境。随着时代的进步和科技的发展，绿色交通的理念也在不断更新和完善。未来，绿色交通将更加注重智能化、信息化和绿色化技术的融合应用，以进一步提升城市交通的环保性、高效性和人性化水平。同时，政府、企业和公众也将共同参与绿色交通的建设和推广，形成全社会共同关注和支持绿色交通发展的良好氛围。

（二）城市绿色交通的特征

尽管目前全社会对于绿色交通并没有一个普遍认同的定义，但是，人们仍然可以通过特征描述的方法，勾画出绿色交通的内涵框架，并以此来确定城市绿色交通发展的目标和实践的方向。

首先，城市绿色交通体系应是一个适宜于城市未来发展的交通体系。也就是说，城市交通体系应该顺应时代发展的趋势，具有前瞻性——不仅能满足当前城市经济社会的发展，以及人、物与信息流通的需求，更要为城市的发展，包括未来人口的增长、经济发展和交流提供支撑。

其次，城市绿色交通体系应是一个便捷和高效的交通体系，具有良好的交通可达性，应便利、舒适、安全，能够最大限度地满足城市交通需求。

最后，城市绿色交通体系应是一个经济和健康的交通体系。具有低耗能、低排放等环境友好型特征。在支撑城市有效运营的同时，最大限度地减少资源能源消耗和污染物排放。

（三）城市绿色交通发展目标与内容

城市绿色交通既是一种理念，又是一个实践的目标。事实上，它已经成为扩大环境交通容量，构建生态城市的一项主要内容和重要的城市发展策略被推进实施。

科学合理的城市绿色交通体系是维持城市高效运转的必要保障。在低碳时代，生态城市绿色交通发展的总体目标应该是在协调交通和土地利用的规划的引导下，以建设多元可达的公共交通为重点，逐步完善城市慢行系统；以流动空间理念和基于信息化技术的交通组织促进城市与交通的协调发展，满足城市交通需求，包括物流运输和居民的出行需求，支撑城市社会经济文化发展的安全、高效、经济、公平和可持续的城市交通体系。在提高城市运行效率的同时，最大限度地降低城市交通系统的燃油消耗和尾气、噪声及 CO_2 排放，从而实现城市的可持续发展。具体而言，城市绿色交通应包括以下几个方面的内容。

1. 协调交通和土地使用

城市交通拥堵是城市交通供求失衡的体现。抑制交通需求涉及的内容很多，首先是交通规划与城市土地利用规划的整合和协调，具体应做到建立体现公共交通导向（TOD）理念的城市规划管理体系和公共政策框架，将 TOD 技术手段引入实施层面，促进城市用地结构优化和高效利用，以及紧凑城市形态的形成。

2. 多元可达的公共交通

政府应促进公共交通对城市发展的引导作用，通过大力发展公共交通，构建多元一体化的公交体系以及轨道交通、快速公交系统和常规公交系统的有机衔接和零换乘，引导城市客运交通的高效节能运行；应给予全面的公交优先权，提高公共交通的可达性、舒适性和经济性，使公共交通优先成为城市交通的基础性策略和城市绿色交通体系的重点内容，提高公共交通的吸引力，提升公交出行比例。

3. 以人为本的慢行系统

政府应统筹规划城市的慢行系统，通过创设良好的自行车系统设施与舒适的步行环境，倡导更加健康环保的交通出行和消费理念。

4. 绿色高效的城市物流

政府应以高效节能为原则，在经济全球化背景下，立足城市经济社会发展趋势、物流特征和交通区位，构建符合信息化和网络时代特征的现代城市物流系统，积极选用节能环保型运载模式，满足城市产业发展和生活消费需求，为网络城市的构建提供有效支撑。

二、公交导向的城市交通发展模式

要构建城市绿色交通系统首先应从城市布局方面来解决城市交通的可持续问题，寻求高效率、低交通需求的土地利用和交通发展模式。

城市的发展就是城市用地和城市交通系统相互促进、相互制约的一体化演变过程。城市不同的用地功能和不同区域之间的连接方式，直接决定了城市交通的需求。而城市交通系统的空间布局、交通方式构成和运行组织又会影响到土地利用和城市的空间结构。

20世纪中叶以来，欧美发达国家在经历了由汽车拥有率迅速增长造成的困局之后，纷纷开始探寻可持续发展的绿色交通途径和方法。经过大量的城市交通与土地利用研究，城市土地利用与交通系统之间存在的极强的互动反馈关系逐步被人们普遍认识到。在过去的几十年中，世界上的很多城市以TOD理念为指导，来规划和建设城市的综合交通体系。经验表明，以公共交通，尤其是大容量公共交通为导向的综合交通规划，有利于引导城市交通需求的合理化，优化城市整体资源配置，并在很大程度上影响和引导城市的空间结构。强化需求管理是城市绿色交通的前提和基础。在城市规划过程中引入TOD理念，建立城市交通与土地利用的互动反馈机制，可以有效减少不必要的通勤需求，满足合理的出行需求，达到提高城市交通效率和防止城市蔓延的趋势，这应该是未来中国生态城市和绿色交通发展的方向。

（一）公交导向的城市发展模式

目前，城市的建设方式将深刻影响人们今后上百年的生活方式。

城市交通规划应立足于引导城市人口、土地、资源等要素的优化配置，实现与功能布局和土地利用规划的协同，从而达到城市可持续发展的目标。而传统的城市规划关注的是城市空间结构和土地利用；传统的交通规划则以满足城市的交通需求为目的而设计道路网和公交网。整个规划过程的一个重要前提是交通需求的时空分布特点已经基本被确立情况下的城市土地利用模式。传统的城市交通规划由于缺乏对城市规划的反馈机制，因而无法反映城市交通系统建设对城市发展的影响。实践证明，单纯需求满足型的交通规划无法跟上城市的快速发展步伐，难以从根本上优化城市结构和提高交通效率，从而建立起可持续发展的城市交通系统。从本质上说，无论是城市规划还是城市交通规划，传统的规划模式并没有揭示城市土地形态与交通系统之间的互动关系的机理，也就无法实现城市交通与土地利用的协同。

在经历了城市恶性膨胀所带来的交通、能源、环境危机的恶果之后，很多国家开始检讨旧有的城市和交通发展模式。限制城市的无序蔓延，降低能源消耗、改善生态环境、有效利用资源成为城市发展的共同追求。这也是以公共交通为导向的城市发展策略在今天得到普遍认同的重要原因。

公共交通导向的开发模式的概念最早由美国建筑设计师哈里森·弗雷克提出。知名的美国城市规划师和建筑师彼得·卡尔索普在其所著的《下一代美国大都市：生态、社区和美国之梦》一书中旗帜鲜明地提出了以 TOD 替代郊区蔓延的发展模式，并为基于 TOD 策略的各种城市土地利用制定了一套详尽而具体的准则。

TOD 的发展模式要求在规划层面上组织紧凑的、有公共交通系统支撑的城镇形态和格局，在公交站点周围营造适合于行人心理感受的街道空间，在各个目的地之间提供便捷、直接的联系通道，在 TOD 的枢纽点——公交站点周围提供多种价格、密度的住宅类型，使公共空间成为人们活动的中心。

TOD 模式在强调公交系统周围土地的混合开发利用和有计划的高强度土地开

发，鼓励在 TOD 区域进行公共设施建设和创造高质量的步行环境的同时，并不排斥小汽车的使用，从而保证了城市交通的协调发展和城市综合交通体系的建立。

实践表明，TOD 的发展模式实现了城市交通由"被动适应性"向"主动诱导性"的转变，对于充分利用现有的城市土地和交通条件，以有限的资源满足最大量的交通需求具有突出的成效，是实现土地利用和交通系统互动发展的重要途径。

（二）城市现代化公交系统的建设

国际公共交通联会（UITP）对世界 45 个城市的调查结果显示，人口密度较高的城市，其出行方式中步行、自行车和公共交通所占比例也高，相应地，其交通能源消耗与出行费用较低。

因此，推动公交优先发展，促进人们在短距离出行中选择自行车和步行的出行方式是城市绿色交通系统的应有之义。

现代化城市公共交通系统由轨道交通（包括地铁、轻轨等）、BRT 等大运量公交为主的多种交通方式组成。今天，优先发展城市现代化公共交通在经济、社会和环境效益上的优势，已经在公众中得到认可，强大的现代化公共交通已经成为城市绿色交通体系最重要的基本特征。中国香港的经验表明，即使在经济富足的城市，公交出行也可以成为城市居民出行的主要方式。

重点发展城市公共交通的计划目前已经在世界各大城市建设发展中被普遍采用。在欧洲、北美和澳大利亚，虽然小汽车的私人拥有率非常高，但仍有成功的公共交通范例。这些地区的经验证明，通过对城市公共交通的发展和对以城市公共交通为基础的城市规划和建设进行大量的投入，结果令人满意——不仅降低了人们对小汽车的依赖程度，而且提高了城市的环境质量与舒适程度。伦敦等其他国际大城市都把倡导公共交通作为交通需求管理的重要内容，构建了较为完善的公交网络并通过制定有关的交通政策，促进公共交通的优先发展。

城市轨道交通具有运量大、速度快、安全、准点、保护环境、节约能源和用地等特点。发达国家的经验证明，解决大城市、特大城市交通问题的根本出路在于优先发展以轨道交通为骨干的城市现代化公共交通系统。轨道交通在一些国际大城市如巴黎、东京，一般承担 60% 以上的公交周转量。

与轨道交通相比，快速公交系统的建设和运行成本低、速度快、更灵活、更加节省资金，能使现有的城市道路得到充分利用，并能随着城市的发展逐步扩展其网络。兴起于库里蒂巴的快速公交系统，这种介于轨道交通和常规交通之间的大运量公交系统，在专用的通道上运行，车速可达 60 千米/小时，能在短时间内有效地疏散大客流。库里蒂巴的快速公交系统由快速线、直达线、小区间连线、输送线和枢纽站组成。由于在设计上注重以人为本，如合理的站点布局和线路网络、管道式车站入口处的无障碍设施等，都有效提高了公交的便捷性和舒适性。

三、城市绿色交通发展的总体策略

（一）编制公交导向的城市规划

中国应树立以人为本的绿色交通理念，构建以公共交通为主的便捷高效的城市综合交通体系，引导城市土地优化配置，形成紧凑集约的城市布局模式。①将城市规划与交通规划紧密联系起来，在城市规划中引入 TOD 理念，以增加短途出行为目标，促进人口的职住平衡，优化城市功能的"有效混合"布局。②以交通节点为战略空间，围绕公交枢纽和站点集聚商业、服务、公共空间、居住和相关功能，并向周边辐射，形成功能混合、步行可及、紧凑立体的土地综合开发模式。③对城市新建的商品房基地和大型居住区，尤其是成规模的保障性住房集中区，超前进行公共交通规划的编制，推进公交枢纽和港湾式站点建设，并注重常规公交与轨道交通的紧密衔接。

（二）加快发展大运量快速公交系统

随着城市规模的扩大和人口的增长，构建地铁和轻轨等大运量快速公交系统已经成为大城市交通发展趋势，主要措施如下：①确立优先发展公共交通的城市交通发展战略，以公交可达性水平确定土地开发强度，引导城市从无序扩散向有序紧凑发展转变。②不断调整优化城市公共交通运营结构，在稳步发展常规公交的同时，结合城市规模和发展需要，优先规划建设城市轨道交通和 BRT 等大运量快速公交系统，构筑以现代化公共交通为主导的城市综合交通体系。③回归公共交通的公益性,将公共交通作为城市交通设施投资的主要对象,增加公共交通的建设投入和票价补贴。④确保公交工具的环保性能,推广使用小排量、轻型化和使用清洁能源的公交车,减少公交车的能源消耗和污染排放;提高公交车辆的舒适性、便捷性、运行效率和服务水平。根据城市空间布局规划,编制城市公共交通规划,合理布局路网和公交网络,保障公交路权优先,建设城市公交车专用道网络,提高公交服务水平和吸引力,引导居民出行方式向公共交通方式转移,优化居民出行结构。⑤构建以大运量公共交通为主、多交通方式零换乘的一体化城市交通系统;城市轨道交通规划应注重与常规公交车、小汽车、自行车与步行交通的衔接,缩短乘客换乘的时空距离,实现人车分离,利用轨道交通车站出入通道的布局,为行人采用轨道交通提供方便。以合理的衔接达到客运交通资源最优化;提高城市路网建设的合理性,科学规划设计综合交通枢纽,妥善处理城际交通与城市交通的衔接。

(三) 合理规划建设城市慢行系统

作为自行车大国,中国具有发展自行车的良好基础,充分利用现有的这一交通资源,建立合理的自行车交通网络,对于解决城市高速发展带来的交通拥挤和城市环境问题具有重要的现实意义。同时,发展慢行交通,也符合为市民创造良好的生活环境的要求,以及现代社会休闲需求增长与社会老龄化的趋势。具体来说,城市政府在规划建设城市慢行系统时,应该做到以下几点:①将城市慢行系统规划引入城市规划体系,形成能与现有规划体系有机衔接的专项规划;规范其编制方法、设计规范、控制与评价体系,确立在现有规划体系中相应的地位与职能。②在城市交通发展策略中,科学规划布局自行车专用道和步行道网络,使其提高而不是降低交通整体效率,保证自行车交通空间需求,建设自行车友好型城市。③创造良好的步行交通环境,规划城市步行网络,加大步行设施建设力度,加强步行空间的改造和管理,尤其要注重主城中心区人行道建设,逐渐形成有机、多功能、环境宜人、连续的步行空间;把城市的主要商业服务、文体休憩、交通设施以及居民区联系起来,使城市的生活气息更浓厚;将人行道规划与休闲广场、滨水空间设计结合起来,提高城市个性空间的利用率。④推广自行车租赁，构建由公共自行车服务点、停放点、维修点和道路网络等在内的完善的公共自行车网络，使自行车成为市民出行和游客观光的首选交通工具。

（四）构建沟通城市与区域的高效物流网络

政府应科学布局物流园区和物流设施，规划建设功能互补的区域性物流中心和物流网络，强化国际物流据点功能，把物流园区建设成适应多交通模式的联合运输作业的区域间干线运输基地；加快国际物流基础设施的重点建设，包括国际干线航道、国际中心港湾的海上集装箱码头、多目的国际码头和大都市圈机场的建设；缩短进出口货物进出港时间，提升货物转运能力；促进市区外缘部环状道路周边以及临海地区物流据点的配置和城市内货物集散据点的建设；积极应对快速增长的电子物流需求，大力发展第三方物流；构建高效物流配送中心，积极推广以城市为对象的同城配送，减少汽车交错运输，改善城市物流；优化城市交通功能，通过修建环状道路、建设专用汽车道、改良交叉点等措施来消除"瓶颈"路段，减少物流交通对城市交通的影响，减少城市交通拥堵。探索物流运输模式的低碳化。近年来，中国铁路系统日趋完善，运载能力得到极大提升，应适时高运力、低排放的城际铁路物流运输发展，构建铁路、公路、海（水）运和航空运输的多式联运体系，加快铁路、公路和海上集运的标准化建设；在公路物流运输工具方面，实现"两极分化"，在大力发展大型集装箱运输工具，设置专用运输车道的同时，应对电子商务发展趋势，积极发展满足市内配送需求的小型货车、电动车和自行车运输，提高物流运输效率，减少碳排放；促进物流管理的信息化、标准化和网络化。充分利用地理信息系统（GIS），构建区域物流中心管理的信息网络，实现各运输部门的物流综合信息系统一体化；在公路运输方面，提高车辆定位、道路交通情报、行车路况预测等现代交通服务水平；在海上运输方面，利用船舶智能化等技术构建新一代海上运输系统；在航空货物运输方面，建立有关信息在各关系者之间进行电子交换的体系，通过体系的互接，提高物流交通网络的效率。构建城市区域快速交通网络。顺应网络时代发展需求，构建与完善由对外交通通道、城际轨道交通、货运枢纽机场和集装箱喂给港构成的网络城市快速交通系统，为网络城市发展提供有力的支撑。

第六章　智慧生态城市建设规划与建设

第一节　智慧生态城市发展战略

一、智慧生态城市建设基本原则

中央城市工作会议为城市建设搭建了顶层设计，也为智慧生态城市建设指明了方向。做好城市工作，要顺应城市工作新形势、改革发展新要求、人民群众新期待，坚持人民城市为人民。

（一）尊重城市发展规律

城市发展是一个历史过程，有自身规律。城市各方面发展相辅相成、相互促进。认识、尊重、顺应城市发展规律，端正城市发展指导思想，实事求是地工作。

（二）统筹空间、规模、产业三大结构

在主体功能区规划、新型城镇化规划的基础上，结合实施"一带一路"建设等战略，明确城市发展空间布局、功能定位；科学规划城市空间布局，实现紧凑集约、高效绿色发展。结合资源禀赋和区位优势，明确主导产业和特色产业，强化大中小城市和小城镇产业协作协同，逐步形成横向错位发展、纵向分工协作的发展格局。加强创新合作机制建设，构建开放高效的创新资源共享网络，以协同创新牵引城市协同发展。城镇化同农业现代化同步发展，城市工作同"三农"工作一起推动，形成城乡发展一体化的新格局。

（三）统筹规划、建设、管理三大环节

树立系统思维，从构成城市诸多要素、结构、功能等方面入手，对事关城市

发展的重大问题进行深入研究和周密部署，系统推进各方面工作。综合考虑城市功能定位、文化特色、建设管理等多种因素来制定规划，接地气，邀请被规划企事业单位、建设方、管理方参与，邀请市民共同参与。增强规划科学性、指导性。加强城市设计，提倡城市修补，加强控制性详细规划的公开性和强制性。加强对城市的空间立体性、平面协调性、风貌整体性、文脉延续性等方面的规划和管控，留住城市特有的地域环境、文化特色、建筑风格等"基因"。规划经过批准后要严格执行，不断完善城市管理和服务，彻底改变粗放型管理方式，让人民群众在城市生活得更方便、更舒心、更美好。把安全放在第一位，把安全工作落实到城市工作和城市发展的各个环节、各个领域。

（四）统筹改革、科技、文化三大动力

城市发展依靠改革、科技、文化三轮驱动，增强城市持续发展能力。推进规划、建设、管理、户籍等方面的改革，以主体功能区规划为基础统筹各类空间性规划，推进"多规合一"。深化城市管理体制改革，促进有能力在城镇稳定就业和生活的常住人口有序实现市民化，统筹推进土地、财政、教育、就业、医疗、养老、住房保障等领域配套改革。推进城市科技、文化等诸多领域改革，优化创新创业生态链，让创新成为城市发展的主动力，释放城市发展新动能。加强城市管理数字化平台建设和功能整合，建设综合性城市管理数据库，发展民生服务智慧应用。保护弘扬传统文化，延续城市历史文脉，保护好前人留下的文化遗产。结合自己的历史传承、区域文化、时代要求，打造自己的城市精神，对外树立形象，对内凝聚人心。

（五）统筹生产、生活、生态三大布局

把握生产空间、生活空间、生态空间的内在联系，实现生产空间集约高效、生活空间宜居适度、生态空间山清水秀。把创造优良人居环境作为中心目标，努力把城市建设成为人与人、人与自然和谐共处的美丽家园。增强城市内部布局的合理性，提升城市的通透性和微循环能力。

以自然为美，把好山好水好风光融入城市。大力开展生态修复，让城市再现

绿水青山。控制城市开发强度，划定水体保护线、绿地系统线、基础设施建设控制线、历史文化保护线、永久基本农田和生态保护红线，防止"摊大饼"式扩张，推动形成绿色低碳的生产生活方式和城市建设运营模式。坚持集约发展，树立"精明增长""紧凑城市"理念，科学划定城市开发边界，推动城市发展由外延扩张式向内涵提升式转变。

（六）统筹政府、社会、市民三大主体

善于调动各方面的积极性、主动性、创造性，集聚促进城市发展正能量。坚持协调协同，尽最大可能推动政府、社会、市民同心同向行动，使政府有形之手、市场无形之手、市民勤劳之手同向发力。政府创新城市治理方式，特别注意加强城市精细化管理。提高市民文明素质，尊重市民对城市发展决策的知情权、参与权、监督权，鼓励企业和市民通过各种方式参与城市建设、管理，真正实现城市共治共管、共建共享。

二、智慧生态城市发展战略方针

智慧生态城市发展的战略方针是"人为核心，生态为本，智慧发展"。

（一）人为核心

城市的主体不是建筑，而是生活在其中的人们，智慧生态城市必须以人为核心，政府做好服务，企业充满活力，家庭和睦安康，城市和谐宜居；坚持普惠性、保基本、均等化、可持续方向；从解决人民最关心最直接最现实的利益问题入手，增强政府职责，提高公共服务共建能力和共享水平；实施食品安全战略，形成严密高效、社会共治的食品安全治理体系，让人民群众吃得放心。

全面提升公民科学素质，加强科普基础设施建设，加快科学精神和创新文化的传播塑造，使公众能够更好地理解、掌握、运用和参与科技创新，进一步夯实创新发展的群众和社会基础。规划建设智慧生态健康工程，实施全民健身战略、食品安全战略，创新发展健康技术，积极应对人口老龄化，建设健康城市。

强化企业创新主体地位和主导作用，支持科技型中小企业健康发展，形成有

国际竞争力的创新型领军企业。依托企业、高校、科研院所建设技术创新中心，形成具有带动力的创新型城市和区域创新中心。完善企业研发费用加计扣除政策，扩大固定资产加速折旧实施范围，推动设备更新和新技术应用。

深化科技体制改革，引导构建产业技术创新联盟，推动跨领域跨行业协同创新，促进科技与经济深度融合。加强技术和知识产权交易平台建设，建立从实验研究、中试到生产的全过程科技创新融资模式，促进科技成果资本化、产业化。构建普惠性创新支持政策体系，加大金融支持和税收优惠力度。深化知识产权领域改革。

扩大高校和科研院所自主权，赋予创新领军人才更大人财物支配权、技术路线决策权。实行以增加知识价值为导向的分配政策，提高科研人员成果转化收益分享比例，鼓励人才弘扬奉献精神。

（二）生态为本

生态系统中的物质和能量是沿食物链和食物网流动的，能量在沿食物链的传递过程中逐级递减；生态系统中的能量来源于绿色植物光合作用固定的太阳能。在生态系统中只有绿色植物才能进行光合作用固定太阳能。绿色植物通过叶绿体，利用光能把二氧化碳和水合成有机物，并储存能量，同时释放出氧气，有机物中储存着来自阳光的能量。因此，生态系统的能量最终来自于太阳光能。生态为本的实质是尊重自然、顺应自然、保护自然的生物多样性、生态链，实现绿色发展；师法自然，修复生态。"天蓝、地绿、水清"，生态机制使城市的生态形象与生态功能相统一、相协调，可持续发展。

（三）智慧发展

智慧发展，首先是数字化、信息化、智能化，进而实行新的工业革命、科技革命、产业革命，高效、低耗、减排、科学发展；弘扬中华优良传统，向更加全面的方向发展，筑造和谐宜居美丽城市。

三、智慧生态城市推进策略

智慧生态城市的推进策略可以概括为"12345"：发展是硬道理，第一要务；

工业化与信息化，两化深度融合；生产、生活与生态，三生协调平衡；新型工业化、信息化、城镇化与农业现代化，四化协同推进；经济政治社会文化与生态文明，五位融合发展。倡导大众创业万众创新，积极建设现代生态文明。

（一）发展是硬道理

现阶段，我国社会的主要矛盾是人民日益增长的物质文化需要同落后的社会生产之间的矛盾。所以，发展是第一要务。必须抓紧时机，加快发展，充分发挥科学技术是第一生产力的作用。坚持以经济建设为中心，坚持发展是硬道理的战略思想，变中求新、新中求进、进中突破，推动发展不断迈上新台阶。

着力实施创新驱动发展战略，抓住创新就抓住了牵动经济社会发展全局的"牛鼻子"。抓创新就是抓发展，谋创新就是谋未来。把发展基点放在创新上，通过创新培育发展新动力、塑造更多发挥先发优势的引领型发展，做到人有我有、人有我强、人强我优。

着力增强发展的整体性协调性，协调发展是制胜要诀。协调既是发展手段又是发展目标，还是评价发展的标准和尺度，是发展两点论和重点论的统一，是发展平衡和不平衡的统一，是发展短板和潜力的统一。学会运用辩证法，善于"弹钢琴"，处理好局部和全局、当前和长远、重点和非重点的关系，着力推动区域协调发展、城乡协调发展、物质文明和精神文明协调发展。

着力推进人与自然和谐共生。生态环境没有替代品，用之不觉，失之难存。树立大局观、长远观、整体观，像保护眼睛一样保护生态环境，像对待生命一样对待生态环境，推动形成绿色发展方式和生活方式。

着力形成对外开放新体制。主动顺应经济全球化潮流，坚持对外开放，充分运用人类社会创造的先进科学技术成果和有益管理经验，不断探索实践，提高把握国内国际两个大局的自觉性和能力，提高对外开放质量和水平。

着力践行以人民为中心的发展思想，体现在经济社会发展各个环节，由于我国将长期处于社会主义初级阶段，根据现有条件把能做的事情尽量做起来，积小胜为大胜，不断朝着全体人民共同富裕的目标前进。

(二) 大众创业万众创新

传统的高投入、高消耗、粗放式发展方式难以为继，经济发展进入新常态，需要从要素驱动、投资驱动转向创新驱动。推进大众创业、万众创新，通过结构性改革、体制机制创新，消除不利于创业创新发展的各种制度束缚和桎梏，支持各类市场主体不断开办新企业、开发新产品、开拓新市场，培育新兴产业，形成小企业"铺天盖地"、大企业"顶天立地"的发展格局，实现创新驱动发展，打造新引擎、形成新动力。

我国就业总量压力较大，结构性矛盾凸显。推进大众创业、万众创新，是扩大就业、实现富民之道的根本举措，人力资源转化为人力资本的潜力巨大。通过转变政府职能、建设服务型政府，营造公平竞争的创业环境，使有梦想、有意愿、有能力的科技人员、高校毕业生、农民工、退役军人、失业人员等各类市场创业主体"如鱼得水"。通过创业增加收入，让更多的人富起来，促进收入分配结构调整，实现创新支持创业、创业带动就业的良性互动发展。

目前，创业创新理念还没有深入人心，创业教育培训体系还不健全，善于创造、勇于创业的能力不足，鼓励创新、宽容失败的良好环境尚未形成。通过加强全社会以创新为核心的创业教育，弘扬"敢为人先、追求创新、百折不挠"的创业精神，厚植创新文化，不断增强创业创新意识，使创业创新成为全社会共同的价值追求和行为习惯。

充分发挥市场在资源配置中的决定性作用和更好发挥政府作用，加大简政放权力度，放宽政策、放开市场、放活主体，形成有利于创业创新的良好氛围，让千千万万创业者活跃起来，汇聚成经济社会发展的巨大动能。不断完善体制机制、健全普惠性政策措施，加强统筹协调，构建有利于大众创业、万众创新蓬勃发展的政策环境、制度环境和公共服务体系，以创业带动就业、创新促进发展。

(三) 建设现代生态文明

树立和落实正确的理念，统一思想，引领行动。树立发展和保护相统一的理念，自然价值和自然资本的理念，空间均衡的理念，山水林田湖是一个生命共同体的理念。推进生态文明体制改革坚持正确方向，坚持自然资源资产的公有性质，坚持城乡环境治理体系统一，坚持激励和约束并举，坚持主动作为和国际合作相结合，坚持鼓励试点先行和整体协调推进相结合。

从改革发展全局高度，深刻认识生态文明体制改革的重大意义，增强责任感、紧迫感、使命感，扎实推进生态文明体制改革，全面提高我国生态文明建设水平。

中华民族以非凡的智慧和创造力，为人类文明进步做出了不可磨灭的贡献，培育了历久弥新的优秀文化。面临当前的发展机遇和前所未有的风险挑战，不能走某些国家的老路，跟在后面犯错误，而要立足国情，努力探索中国特色的文明发展道路。

第二节　智慧生态城市总体规划

一、智慧生态城市总体规划架构

智慧生态城市是人们心目中的理想城市，人为核心、经济繁荣、多元交融、人文关怀、科技教育、城乡互动、安全宜居，生态为本、多样循环、美丽幸福；涉及广泛领域：土、水、气、生物、能源、建筑、交通、社会、文化，数字化、智能化，低碳生态、行为模式、遗产保护等。智慧生态城市空间紧凑、资源节约、环境良好、社会和谐、平衡协调，是追求的梦想。

智慧生态城市的总体架构有五个层次：生态环境保护与修复、基础设施融入生态系统、生态文明观五大领域融合发展、信息化带动四化协同推进、智能生态城市，涵盖政府、企业、社会、社区/村和家庭，生产、生活和生态。让整个城市，首先是城市基础设施融入生态系统。

因势而谋，应势而动，顺势而为，首先规划和设计城市生态基础设施，完善城市生态基础设施建设的景观安全格局。将环境容量和城市综合承载能力作为确定城市定位和规模的基本依据。城市交通、能源、供排水、供热、污水、垃圾处理等基础设施,按照绿色循环低碳的理念进行规划建设。

强化尊重自然、传承历史等理念,促进融合发展,推动企业加快技术创新、提升精准管理水平,完善设备折旧等政策,增强产业竞争力。健全城乡发展一体化体制机制,坚持走以人为本、四化同步、优化布局、生态文明、传承文化的新型城镇化道路,遵循发展规律,积极稳妥推进,着力提升质量。

二、生态环境保护与修复

经济社会的快速发展对自然生态系统形成了巨大压力,人口、经济、资源环境协调发展面临严峻挑战。加强生态环境保护与修复,提高生态承载力,是加快转变经济发展方式,实现科学发展的基础支撑。

(一) 十分紧迫

生态环境是由生物群落及其相关的无机环境共同组成的功能系统,称为生态系统。在特定的生态系统演变过程中,当发展到一定稳定阶段时,各种对立因素通过食物链的相互制约作用,使物质循环和能量交换达到一个相对稳定的平衡状态,从而保持了生态环境的稳定和平衡。如果环境负载超过了生态系统所能承受的极限,就可能导致生态系统的弱化或衰竭。

人是生态系统中最积极、最活跃的因素。在人类社会的各个发展阶段,人类活动都会对生态环境产生影响。特别是近半个世纪以来,由于人口的迅猛增长和科学技术的飞速发展,人类既有空前强大的建设和创造能力,又有巨大的破坏和毁灭力量。人类活动增大了向自然索取资源的速度和规模,加剧了自然生态失衡,带来了一系列灾害。另一方面,人类本身也因自然规律的反馈而遭到"报复"。无论在发达国家还是在发展中国家,生态环境问题都已经成为制约经济和社会发展的重大问题。

(二) 基本原则

坚持生态环境保护与生态环境建设并举是生态环境保护的基本原则。在加大生态环境建设力度的同时,坚持保护优先、预防为主、防治结合,彻底扭转一些地区边建设边破坏的被动局面。

坚持污染防治与生态环境保护并重。充分考虑区域和流域环境污染与生态环境破坏的相互影响和作用，坚持污染防治与生态环境保护统一规划，同步实施，把城乡污染防治与生态环境保护有机结合起来，努力实现城乡环境保护一体化。

坚持统筹兼顾，综合决策，合理开发。正确处理资源开发与环境保护的关系，坚持在保护中开发，在开发中保护。经济发展必须遵循自然规律与承载能力，绝不允许以牺牲生态环境为代价换取眼前和局部的经济利益。

坚持谁开发谁保护，谁破坏谁恢复，谁使用谁付费制度。明确生态环境保护的权、责、利，充分运用法律、经济、行政和技术手段保护生态环境。

（三）划定生态红线

生态保护红线是依法在重点生态功能区、生态环境敏感区和脆弱区等区域划定的严格管控边界，是区域生态安全的底线。生态保护红线所包围的区域为生态保护红线区，对于维护生态安全格局、保障生态系统功能、支撑经济社会可持续发展具有重要作用。

生态保护红线依据生态服务功能类型和管理严格程度实施分类分区管理，做到"一线一策"。生态保护红线一旦划定，实行以下管控要求：

1. 性质不转换

生态保护红线区内的自然生态用地不可转换为非生态用地，生态保护的主体对象保持相对稳定。

2. 功能不降低

生态保护红线区内的自然生态系统功能能够持续稳定发挥，退化生态系统功能得到不断改善。

3. 面积不减少

生态保护红线区边界保持相对固定，区域面积规模不可随意减少。

4. 责任不改变

生态保护红线区的林地、草地、湿地、荒漠等自然生态系统按照现行行政管理体制实行分类管理，各级地方政府和相关主管部门对红线区共同履行监管职责。

重要生态功能区首先是水源涵养区。城市发展需要安全健康的水源，其保护红线是一条生态安全的底线。生态脆弱区或敏感区保护红线是重大生态屏障红线，为城市提供生态屏障，可以减轻外界对城市生态的影响和风险。生物多样性保育区红线是生物多样性保护的红线，为保护的物种提供最小生存面积。红线就是底线，如果再开发就会危及种群安全，必须坚守。

（四）开展生态修复

对那些在自然突变和人类活动影响下受到破坏的自然生态系统开展恢复与重建，恢复生态系统原本的功能。首先对生态系统停止人为干扰，减轻负荷压力，依靠生态系统的自我调节能力与自组织能力使其向有序的方向演化，或者利用生态系统的这种自我恢复能力，辅以人工措施，让遭到破坏的生态系统逐步恢复，向良性循环方向发展。

生态修复主体是政府、大型矿、水、油类企业，作为国内刚刚起步的朝阳行业，具有投资门槛较低、见效快、行业成本与收入波动性小、行业集中率低、持续盈利能力较强等特点，尤其适合我国水土流失面积广大、资金投入有限的实际，其工程毛利一般高于园林绿化行业。

城市中心的绿地越来越少，影响自然生态平衡。近年来，国内外有许多城市新建绿道网，为居民休闲、慢行提供良好的场所。在绿道网的建设中，采用透水沥青、透水砖等新的技术工艺产品，使雨水被植被充分吸收过滤后，自然渗透进土壤、河道。大规模的绿道网，调节局域气候，改善动植物生长环境，起到生态修复的作用。

城市的生态建设是城市化进程必须解决的难题，在建设用地日趋紧张的前提下，不可能建设大型的城市生态公园，而通过改善现有绿地的质量，提升生态效果来解决这个问题。

（五）维护生态平衡

生态环境中的生态平衡是动态平衡，一旦受到自然和人为因素的干扰，超过了生态系统自我调节能力而不能恢复到原来比较稳定的状态时，生态系统的结构和功能遭到破坏，物质和能量输出输入不能平衡，造成系统成分缺损（如生物多样性减少等）、结构变化（如动物种群的突增或突减、食物链的改变等）、能量流动受阻、物质循环中断，一般称为生态失调，严重的就是生态灾难。

生态的自我修复能力在大自然中是一种普遍存在的现象，但往往被人们忽视。注意发挥生态系统的自我修复能力是搞好生态建设的重要指导原则。不断恶化的生态环境，不仅对人类造成影响和危害，同样对整个生物界造成影响和危害，减弱生态系统的自我修复能力。

三、生态文明观智慧生态城市建设

把生态文明建设放在突出地位，融入经济建设、政治建设、文化建设、社会建设各方面和全过程。经济建设是基础，政治建设是保证，文化建设是先导，社会建设是归宿，生态文明建设是前提。

（一）生态文明建设

生态文明是工业文明发展到一定阶段的产物，是超越工业文明的新型文明境界，是在对工业文明带来严重生态问题进行深刻反思的基础上逐步形成和积极推动的一种文明形态，是人与自然和谐的社会形态。

工业革命以来，人类创造了历史上从未有过的经济奇迹，积累了巨大的物质财富，但也饱尝了高增长带来的苦果：能源紧张、资源短缺、生态退化、环境恶化、气候变化、灾害频发。正如恩格斯所指出的那样，"我们不要过分陶醉于我们人类对自然界的胜利。对于每一次这样的胜利，自然界都对我们进行报复"。面对生态领域的这些挑战，人们重新认识到，人类与自然是平等的，人类不是自然的奴隶，也不是自然的上帝。在开发自然、利用自然中，人类不能凌驾于自然之上，人类的行为方式应该符合自然规律。因此，我们必须摒弃人定胜天的思维方式和做法，充分认识自然规律及人与自然关系，按照人与自然和谐发展的要求，在生产力布局、城镇化发展、重大项目建设中充分考虑自然条件和资源环境承载能力，把生态文明建设融入经济社会发展全过程。推进生态文明建设，是涉及生产方式和生活方式根本性变革的战略任务。

（二）生态文明融入经济建设

按照生态文明的理念和原则优化产业结构和布局，促进城乡区域协调发展，逐步实现空间意义上的产业合理布局。制定和完善产业发展规划，制订落后产业淘汰时间表和新型产业发展计划，逐步实现时间意义上的产业合理布局。以节能减排为抓手，推进产业升级，把一些高污染、高能耗、高排放的产业逐渐淘汰，提升一些附加值高、科技含量高的产业，逐步实现经济发展方式的转变。节能减排在当前经济建设的战略调整中起着提纲挈领的关键作用，是推进生态文明在经济建设领域发挥作用的根本所在。

按照市场经济规律的要求，运用价格、税收、财政、信贷、收费、保险等经济手段，调节或影响市场主体的行为，实现经济建设与环境保护协调发展。对各类市场主体进行基于资源环境利益的调整，建立可持续利用资源和保护环境的激励和约束机制。与传统行政手段的"外部约束"相比，环境经济政策是一种"内在约束"力量，具有促进环保技术创新、增强市场竞争力、降低环境治理与行政监控成本等优点。环境经济政策包括环境税、排污权交易、水权交易、温室气体排放权交易、生态补偿机制和环境金融政策方面等政策的建立和完善。

（三）生态文明融入政治建设

生态文明的创建并非工业文明顺势前行的自发过程，在很大程度上是需要人类自觉逆转的艰难过程。这一过程不像从原始文明到农业文明再到工业文明那样，是发展次序的必然结果，而是人类必须深刻反思，摒弃工业文明发展过程中形成的许多反自然恶习；是一个反向校正的过程，这一过程是反惯性的。所以，必须有强有力的保障作为支撑，生态文明建设融入政治建设要突出政策推动。

政治文明具有决策性强、政策性强、调控性强、专政性强、督导性强、执行力强、影响面宽的特点，是生态文明建设的有力保障。在政治文明建设中，如何正确评价与考核领导干部工作实绩，以何种标准评价和选拔任用干部，是非常重要的一个方面。把生态文明建设的绩效纳入各级党委、政府及领导干部的政绩考核体系，建立健全监督制约机制。站在建设生态文明的高度，强化各级各部门党政主要领导改善生态环境的责任，实现生态与政治的有效融合。

社会主义民主法治建设作为政治文明建设的重要组成部分，也需要通过不断完善民主制度、强化环境立法融入生态文明的理念与制度设计。生态文明建设与广大人民群众的生产生活息息相关，是群众最为关心的热点。同时，群众的信息摄取最为直观与显性。

（四）生态文明融入文化建设

文化是民族的血脉和灵魂，是人民的精神家园。继承和发扬中华文化，建设中华民族的共同精神家园，是海内外中华儿女的共同心愿。

生态文化是建设生态文明的原生力量。生态文明理念的确立是社会主义精神文明和文化建设的主要标志、重要内容，是社会主义文化建设的重要载体和途径。倡导生态文化，把生态文明的理念融入文化建设，用生态文明理念指导文化创作的思想、方法、组织、规划。

生态文化是人与自然和谐发展的文化。新世纪新阶段，人类逐渐认识到长期对自然进行掠夺性索取、破坏必将遭受惩罚，一个从征服自然、破坏自然到回归自然、珍爱自然的新理念正在形成。重视发掘和发挥我国传统文化中的优秀思想，用于生态文化价值观的教育，增强人们对自然生态环境行为的自律。创造更加丰富的生态文化形式，使之成为社会主义文化产业的有机组成部分。

处理好价值观念、思想境界、道德情操、精神信仰、行为规范、生活方式、风俗习惯、学术思想、文学艺术、科学技术等领域，人和自然，人和人，以及局部和整体的认知文明和生态文明问题，引导生态文化的传承与创新，人与自然关系的功利、道德、信仰和天地境界的健康发展。

节约能源资源、保护生态环境是科普工作基本的永恒主题。通过生态环保知识的普及，提升公民的环保素质，使公众从中了解、掌握相关知识。环境教育要强化相关机制和约束性指标，保障环境教育全面有序深入开展。

营造崇尚创新的文化环境，加快科学精神和创新价值的传播塑造，动员全社会更好理解和投身科技创新。营造鼓励探索、宽容失败和尊重人才、尊重创造的氛围,加强科研诚信、科研道德、科研伦理建设和社会监督,培育尊重知识、崇尚创造、追求卓越的创新文化。

坚持"两手抓、两手都要硬",坚持社会主义先进文化前进方向,坚持以人民为中心的工作导向,坚持把社会效益放在首位、社会效益和经济效益相统一,坚定文化自信,增强文化自觉,加快文化改革发展,加强社会主义精神文明建设,建设社会主义文化强市。

(五) 生态文明融入社会建设

社会建设的核心是改善民生,促进和谐。保障群众的环境权益,从以人为本的角度促进社会公平,充分发挥民间力量的作用,培养生态环保的消费方式。

喝上干净的水、呼吸清洁的空气、吃上放心的食物,是最基本的民生问题,是政府执政为民的基本要求。发展经济是为了让群众生活富裕起来,环境保护则是让群众能够更好地享受发展成果。所以,坚持以人为本、环保为民,着力解决影响群众健康的突出问题,为人民群众营造良好的生活环境,其本身就是改善民生的基本内容,保障群众的环境权益。

让公众的环境权益得到公平对待,实现城乡之间的环境公正,尊重公众环境权益。完善信息公开相关立法,保障公民知情权。在信息公开的渠道、内容、方式、责任等各种问题进一步厘清,进一步完善,从以人为本的角度促进社会公平。

培育社会中间层主体,以民间环保组织为代表的社会中间层,是政府与民众之间沟通的重要桥梁,是社会矛盾的缓冲地带,对构建和谐社会意义重大;对环保民间组织予以引导鼓励,引导环保民间组织迈入自律的良性循环中,充分发挥民间力量的作用。

逐步形成有利于人类可持续发展的适度消费、绿色消费的生活方式,大力提倡节约型消费,改变"一次性消费"。反对自私的享乐观,鼓励从点点滴滴做起,减少或杜绝生态破坏、环境污染和资源浪费,培养生态环保的消费方式。

促进资源节约型、环境友好型社会建设,发展低碳社会,倡导文明和谐,邻里和睦,社会稳定;言谈文明、行为文明,不说粗话,禁止大声喧哗,不准随地吐痰。改变居住理念、出行方式；改变陋习，实施公共场所禁烟、限酒、控车。

坚持有质量有效益的发展，保持宏观经济稳定，为人民群众生活改善打下更为雄厚的基础；弘扬勤劳致富精神，激励人们通过劳动创造美好生活；完善收入分配制度，坚持按劳分配为主体、多种分配方式并存的制度，把按劳分配和按生产要素分配结合起来，处理好政府、企业、居民三者分配关系；强化人力资本，加大人力资本投入力度，着力把教育质量搞上去，建设现代职业教育体系；发挥好企业家作用，帮助企业解决困难、化解困惑，保障各种要素投入获得回报；加强产权保护，健全现代产权制度，加强对国有资产所有权、经营权、企业法人财产权保护，加强对非公有制经济产权保护，增强人民群众财产安全感。

四、信息化带动四化协同发展

工业化、信息化、城镇化和农业现代化同步发展，相辅相成。工业化处于主导地位，是发展的动力；信息化具有后发优势，为发展注入新的活力；城镇化是载体和平台，承载工业化和信息化发展空间，带动农业现代化加快发展，发挥着不可替代的融合作用；农业现代化是重要基础，是发展的根基。中央成立"网络安全和信息化领导小组"，信息化成为真正的一把手工程！为城市发展带来新的机遇。

（一）发展信息化推进现代化

没有信息化就没有现代化。实施"宽带中国"战略，积极发展信息资源市场，发展物联网，强化信息获取与智能处理；深化电子政务建设，全面支撑政务部门履行职责，满足公共服务、社会管理、市场监管和宏观调控各项目标的需求，推进行政体制改革和服务型政府建设。广泛应用信息技术，建设信息安全保障体系，促进资金流、人流、物流、信息流的高效配置和安全运转。合理使用信息资源，促进节能降耗减排，提升管理服务水平，推进智慧化、遵循生态有规律地发展，建设美丽城镇。

我国信息化行业先行，城市信息化建设和运行纵强横弱，信息孤岛多，数据交换难，信息共享程度低。以基础数据库为基础，建设数据规范、互惠互利、共用共享的公共信息平台，实现数据交换与信息共享；对城市各类公共信息进行统一管理，满足城市各类业务和行业发展对公共信息交换与服务的需求。

整合各部门、各单位的信息资源，按照"一数一源"原则，确保基础信息的准确性和完整性，为政府和社会提供准确可靠的基础信息服务。在生产、生活和生态活动中积极促进信息消费，信息惠民；启动新的产业革命，促进生产领域的信息消费。

开展城市计算智能、城市系统模型、群体协同服务等基础理论研究，突破城市多尺度立体感知、跨领域数据汇聚与管控、时空数据融合的智能决策、城市数据活化服务、城市系统安全保障等共性关键技术，研发城市公共服务一体化运营平台，开展新型智慧生态城市群的集中应用。

（二）信息化带动四化协同发展

1. 信息化带动工业化

以智能制造为突破口，加快信息技术与制造技术、产品、装备融合创新，推广智能工厂和智能制造模式，全面提升企业研发、生产、管理和服务的智能化水平。普及信息化和工业化融合管理体系标准，深化互联网在制造领域的应用，积极培育众创设计、网络众包、个性化定制、服务型制造等新模式，完善产业链，打造新型制造体系。

充分应用信息技术，促进产业转型升级。信息技术的充分应用将颠覆时空界限，打破生产要素约束，增强实体经济的张力和弹性。推进企业信息化，普及应用系统软件：办公自动化（OA）、企业资源计划（ERP）、客户关系管理（CRM）、供应链管理（SCM）、计算机辅助设计（CAD）、计算机辅助制造（CAM）、计算机辅助工艺过程设计（CAPP）等，普及融合物联网、云计算、移动互联网、大数据等新一代信息技术，实现生产的数字化、网络化、智能化、多维化、精益化。大幅度提升服务比重，使生产与消费契合，需求与供应平衡，远离过剩之痛，实现循环经济。创新发展不仅是某项技术的创新，而是处处创新、时时创新、人人创新。实施IT改造，需要大量信息化人才，大力推行CIO制度，不仅传统产业，IT企业也要有CIO，实现传统与IT思维的无缝对接。

采用信息技术改造传统产业，提升设备效率，优化、创新管理模式；促进清洁生产技术应用，降低工业发展对环境的冲击；推动高新技术产品开发，提高产品科技含量附加值。信息化支撑科技创新，不断提升产业的核心竞争力，超前部署支撑新兴产业发展的核心关键技术和前沿技术研究。以电子商务促进城镇产业结构的优化，建立健全电子商务制度，形成安全可信、规范有序的网络商务环境，全面支持传统产业的改造和产业结构的优化。

2. 信息化带动城镇化

转变城镇化发展方式，破解制约城乡发展的信息障碍，促进城镇化和新农村建设协调推进。加强顶层设计，提高城市基础设施、运行管理、公共服务和产业发展的信息化水平，分级分类推进新型城市建设。实施以信息化推动京津冀协同发展，信息化带动长江经济带发展行动计划，支持港澳地区发展信息经济。围绕服务居民生活，推进公共服务信息系统建设。充分利用信息技术变革机遇，加强信息技术创新研究；鼓励企业勇于创新，倡导高校、科研院所和企业协同创新，突破重大关键技术。信息资源共享的效率依赖于信息系统的技术发展和传输技术的提高，建立共享的基础数据库及信息应用平台，促进信息资源共享，合理进行资源配置，节约社会成本。

3. 信息化带动农业现代化

把信息化作为农业现代化的制高点，推动信息技术和智能装备在农业生产经营中的应用，培育互联网农业，建立健全智能化、网络化农业生产经营体系，加快农业产业化进程。加强耕地、水、草原等重要资源和主要农业投入品联网监测，健全农业信息监测预警和服务体系，提高农业生产全过程信息管理服务能力，确保国家粮食安全和农产品质量安全。

研发农林动植物生命信息获取与解析、表型特征识别与可视化表达、主要作业过程精准实施等关键技术和产品，构建大田和果园精准生产、设施农业智能化生产及规模化畜禽水产养殖信息化作业等现代化生产技术系统，建立面向农业生产、农民生活、农村管理以及乡村新兴产业发展的信息服务体系。建设信息化主导、生物技术引领、智能化生产、可持续发展的现代农业技术体系，支撑农业走出产出高效、产品安全、资源节约、环境友好的现代化道路。

（三）培育信息经济，促进转型发展

大力发展信息经济是信息化工作的重中之重。围绕推进供给侧结构性改革，发挥信息化对全要素生产率的提升作用，培育发展新动力，塑造更多发挥先发优势的引领型发展，支撑我国经济向形态更高级、分工更优化、结构更合理的阶段演进。推进信息化和工业化深度融合，加快推进农业现代化，促进区域协调发展。

推进服务业网络化转型。支持运用互联网开展服务模式创新，加快传统服务业现代化进程，提高生活性服务业信息化水平。积极培育设计、咨询、金融、交通、物流、商贸等生产性服务业，推动现代服务业网络化发展。大力发展跨境电子商务，构建繁荣健康的电子商务生态系统。引导和规范互联网金融发展，有效防范和化解金融风险。发展分享经济，建立网络化协同创新体系。

夯实发展新基础。推进物联网设施建设，优化数据中心布局，加强大数据、云计算、宽带网络协同发展，增强应用基础设施服务能力。加快电力、民航、铁路、公路、水路、水利等公共基础设施的网络化和智能化改造。发挥信息化支撑作用，推动安全支付、信用体系、现代物流等新型商业基础设施建设，形成大市场、大流通、大服务格局，奠定经济发展新基石。

（四）深化电子政务，推进现代治理

适应现代化发展需要，更好地利用信息化手段感知社会态势、畅通沟通渠道、辅助科学决策。持续深化电子政务应用，着力解决信息碎片化、应用条块化、服务割裂化等问题，以信息化推进城市治理体系和治理能力现代化。

1. 服务党的执政能力建设

推进党委信息化工作，提升党委决策指挥的信息化保障能力。充分运用信息技术提高党员、干部、人才管理和服务的科学化水平。加强信息公开，畅通民主监督渠道，全面提高廉政风险防控和巡视工作信息化水平，增强权力运行的信息化监督能力。加强党内法规制度建设信息化保障，重视发挥互联网在党内法规制定和宣传中的作用。推进信息资源共享，提升各级党的部门工作信息化水平。

2. 提高政府的信息化水平

完善部门信息共享机制，建立城市治理大数据中心。加强经济运行数据交换共享、处理分析和监测预警，增强宏观调控和决策支持能力。深化财政、税务信息化应用，支撑财政关系调整，促进税收制度改革。推进人口、企业基础信息共享，有效支撑户籍制度改革和商事制度改革。推进政务公开信息化，加强互联网政务信息数据服务平台和便民服务平台建设，提供更加优质高效的网上政务服务。

3. 发展民主法治社会治理

建立健全网络信息平台，密切人大代表同人民群众的联系。加快政协信息化建设，推进协商民主广泛多层制度化发展。实施"科技强检"，推进检察工作现代化。建设"智慧法院"，提高案件受理、审判、执行、监督等各环节信息化水平，推动执法司法信息公开，促进司法公平正义。

加快创新立体化社会治安防控体系，提高公共安全智能化水平，全面推进平安中国建设。构建基层综合服务管理平台，推动政府职能下移，支持社区自治。依托网络平台，加强政民互动，保障公民知情权、参与权、表达权、监督权。推行网上受理信访，完善群众利益协调、权益保障机制。

4. 健全市场服务和监管体系

实施"多证合一""一照一码"制度，在海关、税务、工商、质检等领域推进便利化服务，加强事中事后监管与服务，实现服务前移、监管后移。以公民身份号码、法人和其他组织统一社会信用代码为基础，建立全国统一信用信息网络平台，构建诚信营商环境。建设食品药品、特种设备等重要产品信息化追溯体系，完善产品售后服务质量监测。加强在线即时监督监测和非现场监管执法，提高监管透明度。

5. 完善一体化公共服务体系

制定在线公共服务指南，支持各级政府整合服务资源，面向企业和公众提供一体化在线公共服务，促进公共行政从独立办事向协同治理转变。各部门根据基层服务需求，开放业务系统和数据接口，推动电子政务服务向基层延伸。

6. 创新电子政务运行管理体制

建立强有力的电子政务统筹协调机制，建立涵盖规划、建设、应用、管理、评价的全流程闭环管理机制。大力推进政府采购服务，试点推广政府和社会资本合作模式，鼓励社会力量参与电子政务建设。鼓励应用云计算技术，整合改造已建应用系统。

（五）繁荣网络文化，增强城市软实力

互联网是传播人类优秀文化、弘扬正能量的重要载体。坚持社会主义先进文化前进方向，坚持正确舆论导向，遵循网络传播规律，弘扬主旋律，激发正能量，大力培育和践行社会主义核心价值观，发展积极向上的网络文化，把中国故事讲得愈来愈精彩，让中国声音愈来愈洪亮。

1. 提升网络文化供给能力

实施网络内容建设工程，加快文化资源数字化建设，提高网络文化生产的规模化、专业化水平。整合公共文化资源，构建公共文化服务体系，提升信息服务水平。引导社会力量积极开发适合网络传播特点、满足人们多样化需求的网络文化产品。

2. 提高网络文化传播能力

完善网络文化传播机制，构建现代文化传播体系。推动传统媒体和新兴媒体融合发展，有效整合各种媒介资源和生产要素。实施中华优秀文化网上传播工程，加强港澳地区网络传播能力建设，完善全球信息采集传播网络，逐步形成与我国国际地位相适应的网络国际传播能力。

3. 加强网络文化阵地建设

做大做强中央主要新闻网站和地方重点新闻网站，规范引导商业网站健康有序发展。推进重点新闻网站体制机制创新。加快党报党刊、通讯社、电台电视台数字化改造和技术升级。推动文化金融服务模式创新，建立多元网络文化产业投融资体系。鼓励优秀互联网企业和文化企业强强联合，培育一批具有国际影响力的新型文化集团、媒体集团。

4. 规范网络文化传播秩序

综合利用法律、行政、经济和行业自律等手段，规范网络信息传播秩序。坚决遏制违法有害信息网上传播，巩固壮大健康向上的传播内容。完善网络文化服务市场准入和退出机制，加大网络文化管理执法力度，打击网络侵权盗版行为。

（六）创新公共服务，保障和改善民生

围绕人民群众最关心最直接最现实的利益问题，大力推进社会事业信息化，优化公共服务资源配置，降低应用成本，为百姓提供用得上、用得起、用得好的信息服务，促进基本公共服务均等化。

1. 推进教育信息化

完善教育信息基础设施和公共服务平台，推进优质数字教育资源共建共享和均衡配置，建立适应教育模式变革的网络学习空间，缩小区域、城乡、校际差距。建立网络环境下开放学习模式，鼓励更多学校应用在线开放课程，探索建立跨校课程共享与学分认定制度。完善准入机制，吸纳社会力量参与大型开放式网络课程建设，支撑全民学习、终身教育。

2. 加快科研信息化

加强科研信息化管理，构建公开透明的国家科研资源管理和项目评价机制。建设覆盖全国、资源共享的科研信息化基础设施，提升科研信息服务水平。加快科研手段数字化进程，构建网络协同的科研模式，推动科研资源共享与跨地区合作，促进科技创新方式转变。

3. 推进科普信息化

推进信息技术与科技教育、科普活动融合发展，推动实现科普理念和科普内容、传播方式、运行和运营机制等服务模式的不断创新。以科普的内容信息、服务云、传播网络、应用端为核心，构建科普信息化服务体系。加大传统媒体的科技传播力度，发挥新兴媒体的优势，提高科普创作水平，创新科普传播形式，推动报刊、电视等传统媒体与新兴媒体在科普内容、渠道、平台、经营和管理上的深度融合，实现包括纸质出版、网络传播、移动终端传播在内的多渠道全媒体传

播。推动科普信息应用，提升大众传媒的科学传播质量，满足公众科普信息需求。适应现代科普发展需求，壮大专兼职科普人才队伍，加强科普志愿者队伍建设，推动科普人才知识更新和能力培养。

4. 推进健康医疗服务信息化

完善人口健康信息服务体系，推进全国电子健康档案和电子病历数据整合共享，实施健康医疗信息惠民行动，促进和规范健康医疗大数据应用发展。探索建立市场化远程医疗服务模式、运营机制和管理机制，促进优质医疗资源纵向流动。加强区域公共卫生服务资源整合，探索医疗联合体等新型服务模式。运用新一代信息技术，满足多元服务需求，推动医疗救治向健康服务转变。

5. 就业和社会保障信息化

推进就业和养老、医疗、工伤、失业、生育、保险等信息全国联网。建立就业创业信息服务体系，引导劳动力资源有序跨地区流动，促进充分就业。加快社会保障"一卡通"推广和升级，实行跨地区应用接入，实现社会保险关系跨地区转移接续和异地就医联网结算。加快政府网站信息无障碍建设，鼓励社会力量为残疾人提供个性化信息服务。

6. 实施网络扶贫行动计划

构建网络扶贫信息服务体系，加快贫困地区互联网建设步伐，扩大光纤网、宽带网有效覆盖。开展网络公益扶贫宣传，鼓励网信企业与贫困地区结对帮扶，开发适合民族边远地区特点和需求的移动应用，建立扶贫跟踪监测和评估信息系统。

五、全面建设智慧生态城市

信息化与工业化、城镇化和农业现代化融合发展，并融合社会、文化、历史、经济、产业等因素；有自己的特性、风格和传统，发扬中华优良传统，天人合一，融合协调，集成创新，总体规划，顶层设计，建设智慧生态城市。

（一）坚持全面发展

坚持全面建成小康社会、全面深化改革、全面依法治国、全面从严治党的战略布局，坚持发展是第一要务，以提高发展质量和效益为中心，以供给侧结构性改革为主线，扩大有效供给，满足有效需求，加快形成引领经济发展新常态的体制机制和发展方式；保持战略定力，坚持稳中求进，统筹推进经济建设、政治建设、文化建设、社会建设、生态文明建设和党的建设。

（二）全面深化改革

当前经济发展中结构性问题最突出，矛盾的主要方面在供给侧。提高供给质量满足需要，使供给能力更好地满足人民日益增长的物质文化需要；主攻方向是减少无效供给，扩大有效供给，提高供给结构对需求结构的适应性，当前重点是推进"三去一降一补"五大任务；本质属性是深化改革，推进国有企业改革，加快政府职能转变，深化价格、财税、金融、社保等领域基础性改革。发挥好市场和政府作用，遵循市场规律，善于用市场机制解决问题。

政府勇于承担责任，各部门各级地方政府勇于担当，干好自己该干的事。突破重点难点，坚持重点论，集中攻关，以点带面。把工作做细做实，有针对性地制定政策、解疑释惑；具体工作要从实际出发，盯住看，有人管，马上干。平衡好各方面关系，把握好节奏和力度，减少风险隐患。

立足当前、着眼长远，围绕提高产业技术水平和竞争力，以企业为主体、以市场为导向、以工程为依托，强化政府引导，完善政策机制，培育规范市场，着力加强技术创新，大力提高技术装备、产品、服务水平，促进节能环保产业快速发展，释放市场潜在需求，形成新的增长点。

（三）建设生态文明

牢固树立生态文明理念，节能降耗减排。通过城市通风廊道、建筑节能设施、增加屋顶绿化，与绿色空间相结合等降低城市热岛效应。通过对建筑分布、朝向、结构、体量、外立面的设计，减少使用空调和取暖设备的天数，降低取暖制冷的能源需求；设计适当的照明水平，选用低能耗装置、节能电器，减少用电需求；保证自然通风，最小化内部的热增量；安装辅助电加热的分户独立式真空管太阳能集热器，利用可再生清洁能源，提高资源使用效率，减低二氧化碳排放。节约水资源，完善雨水收集利用系统，提高再生水利用比例。

积极有序地开展地下综合管廊建设。划定基础设施黄线保护范围，加强对各类设施用地的规划控制和预留。建设海绵城市，最大限度地减少城市开发建设对生态环境的影响。高度重视城市防灾减灾工作，加强灾害监测预警系统和重点防灾设施的建设，建立健全消防、人防、防洪（潮）、防震和防地质灾害等的城市综合防灾体系。

第三节 智慧生态城市顶层设计

一、智慧生态城市顶层设计总体架构

城市是极其复杂的巨系统，城市工作是一个系统工程。必须树立系统思维，从构成城市诸多要素、结构、功能等方面入手，对事关城市发展的重大问题进行深入研究和周密部署，系统推进。智慧生态城市系统总体架构涵盖城乡的所有方面，感知他们，分析他们，顺应他们，调节他们，影响他们。

城乡信息流引领技术流、资金流、人才流，提升信息采集、处理、传播、利用、安全能力，更好地稳增长、调结构、促改革、惠民生、防风险、护生态。

二、智慧生态城市智慧感知

智慧生态城市发展智慧感知，全面感知城市，认识、管理和发展城市，服务城市主体，既采用传统方法，又大量引用高新技术。

(一) 环境感知

环境感知指个体周围的环境在其头脑中形成的映象，以及这种映象被修改的过程。旅游环境感知包括：旅游地的性质、旅游内容及组合状况、不同逗留时间的活动内容组合、旅游地的环境质量、旅游地的接待条件等。

人与自然环境关系中的各种可能性选择时不是任意的、随机的和毫无规律

的，而是有一定的客观规律可循的，受一种思想意识的支配。人们通过研究人类的环境知觉和空间行为，透彻地了解和检验人-地之间的关系。用人类的行为感知过程把人类与环境关联起来，克服传统人地关系研究中只把人类活动加以理性化、概括化，只注重人类活动和环境后果的倾向。人们通过人与环境间的知觉、认知、激励及行为、行为方式、行为原动力、决策与反馈等方面的研究，融入心理因素，将行为人的思考推向深层次领域，从而为人-地之间的协调提供支撑体系。

人们采用行为透视与区域透视相结合的方法，把人文地理学与同源的社会科学各分支区别开来。这种透视使人地关系用一种新颖的方式来分析、解决人地问题。如人口移动的行为决策、环境对人类施加的压力、感受程度及其对人类行为决策的影响，企业、工业区位选择中的行为因素，景观、灾害、市场等环境知觉的人地感应研究，城市规划、环境行为、地方行为、国家行为在土地利用、区域规划、地缘关系、资源与环境保护等方面的应用。

面向真实世界的智能感知与交互计算是信息科学优先发展领域，主要研究方向有：真实物理世界的多通道高效表征、建模、感知与认知；人机物融合环境的情境理解与自然交互；网络环境下的虚实融合与互操作；多媒体深度挖掘与学习、复杂高维信息的合成与可视分析。

认知的心理过程和神经机制是生命科学的优先发展领域。主要研究方向有：感知觉信息处理与整合；注意和意识的心理过程和神经机制；高级认知过程（学习、记忆、决策、语言等）的心理和神经机制；认知异常的发生机理、早期识别与干预；人类个体认知与社会行为的发生发展过程。

加强关键信息基础设施核心技术装备威胁感知和持续防御能力建设。完善重要信息系统等级保护制度。健全重点行业、重点地区、重要信息系统条块融合的联动安全保障机制。积极发展信息安全产业。

（二）发展物联网

推进物联网感知设施规划布局，发展物联网开环应用。推进信息物理系统关键技术研发和应用。建立"互联网+"标准体系，加快互联网及其融合应用的基础共性标准和关键技术标准研制推广，增强国际标准制定中的话语权。

当物联网与互联网、移动通讯网相连时，可随时随地全方位"感知"对方，人们的生活方式将从"感觉"跨入"感知"阶段。物联网是计算机、互联网之后的下一次信息技术变革浪潮和新经济引擎，给人以巨大的想象空间，推进人们的未来生活智能化。

智慧生态城市按照约定的协议，把人、物与网络连接起来，进行信息交换和通讯，实现智能识别、定位、跟踪、监控、处理、应用、管理、决策与实施，引领城市发展。

三、智慧生态城市智慧应用

智慧生态城市的智慧应用体系与城市发展及百姓生活息息相关，包括产业体系、民生体系、公共服务应用体系和公共管理应用体系等。在所有的智慧应用体系中交通、能源、医疗、家居、饮食、教育和公共服务等最为主要。

（一）智慧生态交通

交通系统在城市的发展中具有举足轻重的作用，随着我国城市化进程的加快和居民生活水平的提高，城市人口数量迅速增长，机动车越来越多，交通阻塞、交通事故、能源消费和环境污染等问题日趋恶化，交通阻塞造成的经济损失巨大，已经成为国民经济发展的瓶颈问题。美国、日本等发达国家的长期实践说明，仅靠修建道路、扩大道路网络规模等传统方法来缓解日益增长的交通需求，很难适应我国社会经济快速发展的需求，最好的解决方法是建设城市的智慧生态交通，我国基本具备了建设相应系统的软硬件条件。

（二）智慧生态能源

能源是能量的来源，包括煤、石油、天然气、水能、电能等常规能源及太阳能、风能、核能、生物质能等新能源。富煤、贫油、少气是我国能源资源的特点，效率低、污染重、效益差是我国煤炭资源开采利用过程中存在的现实难题。随着石油资源短缺和环境污染问题日益严重，寻找新的能源模式提上日程。

智慧生态能源是解决能源问题的有效途径，运用先进技术，开发新能源，不断扩大能量来源；智能调控，提高能源利用效率。探索提出的"七位一体"新型智慧生态能源系统主要由六大部分组成：太阳能集热系统，太阳能四联供（电、热、冷、暖）系统，沼气+CNG 多元化利用系统，水资源分级循环利用系统，垃圾废物零排放处理系统，智慧化综合管理平台。这是一种循环经济与生态产业相结合的新型能源系统模式，以一次能源——太阳能和生物质能源为主能源，以电网和 CNG 为辅助纽带，多元化互补，形成自身供需平衡和生态平衡，形成有机农业、绿色工业和生态服务业的"三产"联动的全生态产业链循环经济能源模式。

（三）智慧生态医疗

健康是人们共同的追求，但疾病也一路伴随人生。每人都有生老病死，医疗与人生相伴。智慧生态医疗符合生态规律，涵盖疾病治疗和保健。

1. 生态医学

世界卫生组织倡导 21 世纪人类健康应以稳态医学、生态医学、健康医学为基础，带来一次全新的革命。生态医学将现存的治（中医、西医）、疗（养生营养）侧重点，转变为提高食品、药品的转化率与吸收率的问题上去，将"仿生健康"首次引入到转化与吸收机制的提高上。从而突破传统健康思维单纯性的提高药、食品自身质量，片面诉求提升免疫力而忽视了最关键所在：食品、药品人体受用后的转化与吸收的大问题上。

生态医学是一门赋予人体以生态系统理念而研究健康状态与人体内外环境关系的新兴医学科学，其目标是人与自然和谐发展。生态医学从人类健康生存态势出发，在生态环境下优秀抗病灾基因细胞，通过高科技集成嫁接技术、设备，完成体外转化过程，来达到促进康复、滋养的目的。这项新的生态医学从健康供给制转换成健康供给以及消化吸收双轨制，生态医学必将形成一个新的健康产业链，在促进人们健康的同时，还会给社会创造巨大的经济价值！

2. 智慧医疗

智慧医疗指基于互联网、物联网、生物工程、基因科学、环境科学、信息技术以及纳米等新技术，按照医疗标准，整合医疗信息，优化医疗资源，从而实现医疗信息数字化、医疗过程远程化、医疗流程科学化及医疗物资管理的可视化，是一项系统工程，主要包括电子病历系统、医疗收费和药品管理系统、临床应用系统、远程医疗系统、临床支持决策系统和公共健康卫生系统等组成部分。

"互联网+医疗"就是互联网医疗，把传统医疗的生命信息采集、监测、诊断治疗和咨询，通过可穿戴智能医疗设备、大数据分析与移动互联网相连；所有与疾病相关的信息不再被限定在医院里和纸面上，而是可以自由流动、上传、分享，使跨国家跨城市之间的医生会诊轻松实现，患者就诊，不再要求必须与医生面对面。

3. 智慧生态医疗

智慧生态城市倡导智慧生态医疗，智慧医疗与生态医学融合发展，中西结合，养生治病互补，建设健康城市。

智慧生态医疗"治未病"。采取相应措施，防止疾病的发生发展，未病先防，既病防变。未病先防重在养生：法于自然之道，调理精神情志，保持阴平阳秘。既病防变，对已经发生的病及时治疗，预测疾病可能的发展方向，防止疾病的进一步进展。疾病的发展都有顺逆传变的规律，正确地预测到疾病的发展能够及时阻断疾病的加重或转变。

目前，我国一些技术比较先进的医院在医疗信息的远程交换与应用方面已经走到世界的前列，可以通过互联网实现病历信息的实时记录、传输与处理，实时共享病人的相关信息，为实现智慧生态医疗起到很好的支撑作用。在人口老龄化不断加剧的今天，能有效节约社会资源，更高效地服务，提升整个城市的医疗和健康服务水平。

（四）智慧生态家居

家居指地理位置、家庭装修、家具配置、电器摆放等一系列和居室有关的设施与布局。家居的主体是人，让人舒适，首先要符合生态原则。

1. 生态家居

生态家居指在环保、人性化、个性化的基础上，为客户量身定制的家居、家具、配饰的设计与生产，达到人居合一的理想生活境界。环保和健康是生态家居的两大关键。人与自然和谐共处的"居家生态系统"建立在以人为本的基础上，利用自然条件和人工手段创造有利于居住的、舒适、健康的生活环境，同时又控制自然资源的使用，多使用人造、复合、可循环利用的材料，有利于整个大生态环境，实现向自然索取与得到自然回报之间的平衡。

人的肌体需要不断地吐故纳新才能保持旺盛的活力，通风在"居家生态系统"中起到呼吸的作用，不当的格局设计会使通风产生不利于健康的反效果。中国有句俗话叫"病床"，就是人在睡眠时身体的一种慢性损伤，因格局不当而造成的通风问题可能是原因之一。如果浴室离床很近，空气的湿度太大或被污染，通风反而使室内的空气质量更差。同样，居室里的家具、音响、气灶，以及作为居室内外媒体的墙、门窗都能形成居室小气候。居室里存在的温差可以促使室内的空气流动，这股流动的空气既可带来外界清新氧气，也可以将室内残存的有害气体弥散开来。装着脏鞋子的鞋柜，通风不畅的衣柜等，这些家具摆放的位置是否合理，都会影响处在这个空间的人身体的健康。为了保证居室里有较好的空气，居室里的植物、灯光、家具等摆设都必须讲究科学性，使各个物体有一定的空间，创造一个有利于健康的"家居生态"环境。

2. 智能家居

智能家居用家庭智能网络将家庭中各种各样的家电通过家庭总线技术连接在一起，构成了功能强大、高度智能化的现代智能家居系统。智能家居以住宅为平台，兼备建筑、网络通信、信息家电、设备自动化，集系统、结构、服务、管理为一体，构建高效、舒适、安全、便利、环保的居住环境。我国的智能家居行业，兴起于20世纪90年代末期，发展迅速。

网络化的智能家居系统可以通过手机、电脑提供家电控制、照明控制、窗帘控制、电话远程控制、室内外遥控、防盗报警，以及可编程定时控制等多种功能和手段，使生活更加舒适、便利和安全。

智能家居包括智能卫浴和智能厨具，更能体现智能家居的发展方向。卫浴产品的智能化可以减少污染节约能源，使水和污物得到更好地利用和处理；智能马桶节省纸张且把排泄物自动处理，然后排放到城市的污水处理系统。智能厨房把人从繁琐的厨房劳动中解放出来，用微电脑控制的厨具可以根据人们的要求提供适当的火候，烹制出美味的菜肴，而科学化的饮食方案直接输入到智能厨房系统中，可以提醒想要减肥的人每顿饭的热量，为糖尿病人等提供食谱从而达到食疗的作用。

智能家居是一个过程或者一个系统。利用先进的计算机技术、网络通信技术、综合布线技术，将与家居生活有关的各种子系统有机地结合在一起，通过统筹管理，让家居生活更加舒适、安全、有效。与普通家居相比，智能家居不仅具有传统的居住功能，提供舒适安全、高品位且宜人的家庭生活空间，还由原来的被动静止结构转变为具有能动智慧的工具，提供全方位的信息交换功能，帮助家庭与外部保持信息交流畅通，优化人们的生活方式，帮助人们有效安排时间，增强家居生活的安全性，甚至为各种能源费用节约资金。

与智能家居的含义近似的还有家庭自动化、电子家庭、数字家园、家庭网络、网络家居，智能家庭/建筑在中国香港、台湾等地区还有数码家庭、数码家居等称法。

（五）智慧生态饮食

1. 生态食品

生态食品指粮食、蔬菜、果品、禽畜、水果和食油等食品的生产和加工中不使用人工合成的化肥、农药和添加剂，不使用转基因种子，并通过有关颁证组织认证，确为纯天然、无污染的安全营养食品。生态食品始于欧美，德国的"蓝天使"标志食品、意大利的"生态农业产品"、美国的"有机食品"、日本的"自然食品"等属于生态食品。生态食品的出现，旨在满足人们对食品的优质、安全、无污染、富营养的消费需求，保护人们身体健康，促进生态环境良性循环。生态食品基本是纯天然的，相生相克，健康长寿。遏制污染，全面了解食品和饲料污染的三个源头，竭力防范。

一是化学品。农药、重金属、添加剂、色素、香料、激素等，种类繁多。长期滞留不易降解或对机体有严重危害的要停产禁用；对食品色素应予抵制，选购无色素的"清白食品"；食品及动物饲料要用天然生物制品。

二是抗生素和抗菌药的不合理使用。药物不是营养品，更不是饲料，若把它添加到动物的常规饲料中使用，长期喂饲很容易产生抗药性。如果发生了耐药，不仅在动物因病需要治疗时使药物失效，而且抗药菌一旦感染人体，会给人类带来灾难。

三是故意污染。加工贩卖死畜病畜，死禽病禽及腐烂变质食品和饲料，污水灌溉，肮脏生产，掺假制假，明知故犯，均属于图财害命。关键是要加强法治、严格执法，打击地方本位主义坚决给予制止。

2. 生态饮食

人本来属于大自然，从大自然中来，到大自然中去；自然哺育着人们，自然的东西往往最真诚，经过几百年甚至上千年人们的积累与传承，逐渐形成一套适合的食谱及生活方式——生态饮食。用现代较发达的技术去探索，发现生态饮食非常符合营养学标准，是偶然中的必然。

3. 智慧生态饮食

将信息化引入生态饮食，形成智慧生态饮食，智慧地去吃，食物本身具有某些生态智慧。智慧生态饮食系统实现绿色生态和节能环保的需求，让饮食更便捷、更健康。智慧生态饮食系统首先是一个拥有尽可能全面的饮食信息共享大平台，满足人们不同的饮食需求，对所有人开放，不受地域和语言的限制。

信息时代的一大特征是高效，人们对速度和效率的追求更为强烈。因此，智慧生态饮食系统帮助人们快速获得饮食信息，快速做出选择。为此，智慧生态饮食系统的信息储量将会覆盖所有层次的需求，它的匹配系统强大到能帮助人快速确定合理的饮食选择，实现这一目标只有依托互联网共享平台、庞大的数据库以及基于信息科技的人工智能技术；推动生产、运输、销售、安全监管等各环节、政商企及行业组织信息化，将已有但相互独立的平台、数据库和终端整合成大信息共享平台，开发足够灵活、简单、智能的选择匹配引擎。

智慧生态饮食最基本最重要的特征是安全，具有建立在信息透明基础上的可安全性跟踪功能。特别是在近年食品安全事件频繁发生的情况下，食品安全引起了社会各界的广泛关注。食品安全问题可以分为两方面：一是如何让食品本身更健康；二是如何保证健康的食品经历了流通过程后最终成为餐桌上一道放心菜。

但不管是第一类还是第二类,对信息时代的智慧生态饮食的要求是,利用信息技术追踪、监督和公开食物、食品生产链条上每一个环节的安全信息。从农、林、畜、牧、渔和食品的生产,到食品和原料加工,中间的运输物流环节,食品的销售环节,再到市民的餐桌上,质量监督单位能够协同相关企业和工厂对于这一闭合圈全程监控,确保食品安全。

智慧生态饮食系统至少要包含食物产品信息、食物服务信息、食物产地生态环境信息、食物生产经营企业信息、食物供需信息、常识法规信息、科技动态信息、食物市场信息、食物营养保健常识指南、重大食物事故信息、政策纲要和行动计划、食物质量抽查信息、食品准入单位信息、食物消费提示、食物消费警示、专家咨询和负责食品安全问题的行政部门等,同时要具备两项基本的功能,即信息服务和监督处理功能。

(六) 智慧生态教育

实施智慧生态教育,树立新的教育标准、学生能力系列测试标准;全面运用以物联网、云计算、大数据等为代表的新兴信息技术、信息资源,因材施教;提高教学质量和效益,全面构建网络化、数字化、个性化、智能化、国际化的现代教育体系,推动教育改革与发展的历史进程。通过有效举措,倡导和鼓励市民终身学习,通过多种形式营造终身学习的良好氛围,树立良好的人文形象,增强城市的文化含量,把创优、创新精神与城市需求加以整合,实现全民的智慧生态教育。

(七) 智慧公共服务

建设面向公众的智慧公共服务系统,通过微信、微博、自动语音、电子邮件和人工服务等多种咨询服务方式,为市民开展生活、生产、政策法规、法律纠纷等多种服务。

建设面向企业及社区的公共服务系统,完善政府官方网站建设,推进网上行政审批及其他公共行政服务;为社区的居民提供工作、日常生活、旅游、医疗等信息的发布和查询。

（八）智慧探索

智慧生态城市是前沿理念和实践探索，是生态文明新时代的城市发展新模式。遵从生态规律，以网络组合为基础，以信息、知识为资源，将信息和自动控制技术用于各领域，通过广泛的信息获取、快速安全的信息传输、科学有效的信息处理，创新城市发展模式，提高城市运行效率、公共服务水平和综合竞争力，实现智慧生态运行管理，有效促进城市的发展和繁荣。

参考文献

[1] 廖清华,赵芳琴. 生态城市规划与建设研究[M]. 北京:北京工业大学出版社,2019.

[2] 宫聪,胡长涓. 可持续发展的中国生态宜居城镇·绿色基础设施导向的生态城市公共空间[M]. 南京:东南大学出版社,2019.

[3] 张学勤,李兆云. 现代城市生态研究[M]. 长春:吉林人民出版社,2019.

[4] 左小强. 城市生态景观设计研究[M]. 长春:吉林美术出版社,2019.

[5] 许浩. 生态中国·海绵城市设计[M]. 沈阳:辽宁科学技术出版社,2019.

[6] 王洪成,吕晨. 城市生态修复的低碳园林设计途径[M]. 天津:天津大学出版社,2019.

[7] 何彩霞. 可持续城市生态景观设计研究[M]. 长春:吉林美术出版社,2019.

[8] 董晶. 生态视角下城市规划与设计研究[M]. 北京:北京工业大学出版社,2019.

[9] 郭静姝. 生态环境发展下的城市建设策略[M]. 青岛:中国海洋大学出版社,2019.

[10] 陈超. 现代城市水生态文化研究[M]. 北京:中国水利水电出版社,2020.

[11] 韩奇,陈晓东,张荣伟. 城市河道及湿地生态修复研究[M]. 天津:天津科学技术出版社,2020.

[12] 李艳. 山地城市桥梁生态美学探究[M]. 重庆:重庆大学出版社,2020.

[13] 张丽艳. 城市社区居家养老生态服务系统研究[M]. 上海:上海交通大学出版社,2020.

[14] 丁军. 特大型城市风口地区生态环境治理[M]. 北京:北京燕山出版社,2020.

[15] 仲崇文. 基于绿色生态理念的中国城市产业规划研究[M]. 北京:北京理工大学出版社,2020.

［16］刘永光. 基于生态文明体系的城市综合开发项目预评价研究［M］. 广州：华南理工大学出版社，2020.

［17］谢淑华，段昌莉，刘志浩. 城市生态与环境规划［M］. 武汉：华中科技大学出版社，2021.

［18］董永立. 城市生态水利规划研究［M］. 长春：吉林科学技术出版社，2021.

［19］樊清熹. 城市地域设计的生态解读［M］. 南京：江苏凤凰美术出版社，2021.

［20］舒乔生，侯新，石喜梅. 城市河流生态修复与治理技术研究［M］. 郑州：黄河水利出版社，2021.

［21］马顺圣. 城市生态适宜度研究基于扬州的数据［M］. 镇江：江苏大学出版社，2021.

［22］陈苏柳，鲁明. 生态文明理念下的城市空间规划与设计研究［M］. 北京：北京工业大学出版社，2021.

［23］吴琳，欧阳海龙，赵煌. 东湖绿道·生态宜居城市武汉实践［M］. 武汉：武汉出版社，2021.

［24］王宝强，陈姚，刘合林. 中国城市建设技术文库城市水系统安全评价与生态修复［M］. 武汉：华中科技大学出版社，2021.

［25］颜静. 智慧生态城市·自然生命人居与未来［M］. 上海：上海交通大学出版社，2022.

［26］孙颖. 绿色发展理念下生态城市空间建构与分异治理研究［M］. 西安：西安交通大学出版社，2022.

［27］郐亚微. 生态文明视域下城市园林景观设计研究［M］. 长春：吉林科学技术出版社，2022.

［28］张文博. 生态文明建设视域下城市绿色转型的路径研究［M］. 上海：上海社会科学院出版社，2022.

［29］艾强，董宗炜，王勇. 城市生态水利工程规划设计与实践研究［M］. 长春：吉林科学技术出版社，2022.

［30］盛蓉. 城市文化传播研究丛书·生态产品价值实现视阈下生态优先与绿色

发展研究［M］. 上海：上海交通大学出版社，2022.

［31］杨位飞，熊建林. 城市生态规划与构建研究［M］. 哈尔滨：东北林业大学出版社，2023.

［32］张甘霖，杨金玲. 城市土壤演变及其生态环境效应［M］. 上海：上海科学技术出版社，2023.

［33］何滢，田艳，杨和平. 城市更新与风景园林生态化建设［M］. 长春：吉林科学技术出版社，2023.

［34］卢树彬. 基于"公园城市"理念的城市生态公园规划设计［M］. 武汉：华中科学技术大学出版社，2023.

［35］周波，周杨小晓. 照明与城市·夜景中的生态景观与文化特色研究［M］. 北京：中国纺织出版社，2023.